AF368870

DE

L'ENDIGUEMENT

DES

COURS D'EAU.

CHAPITRE Ier.

INFLUENCE DES DIGUES SUR LES IRRIGATIONS NATURELLES ET ARTIFICIELLES.

Cette grande question s'est agitée et s'agite encore sur les rives de la plupart de nos grands cours d'eau; l'endiguement demandé par le plus grand nombre, rejeté par des opposants plus graves que nombreux, continue de marcher sur quelques points; le temps presse de s'opposer à ses progrès, si c'est un grand mal, comme nous le pensons. Depuis plusieurs années nous étudions la question; notre conviction s'est formée en voyant les résultats produits; le temps, la réflexion et l'expérience n'ont fait que l'affermir. Nous sommes convaincu que ce système entraîne pour le présent de grands désavantages, et en prépare de plus grands encore pour l'avenir; nos écrits l'ont donc combattu, nous avons répondu à ses défenseurs. Le gouvernement, qui précédem-

1849

1

ment les autorisait, semble être arrivé à hésiter; il s'est même refusé aux demandes qui lui ont été faites d'établir ce système là où il n'existe pas, et le Conseil général d'agriculture lui a demandé de n'autoriser de nouvelles digues qu'avec la plus grande réserve. Dans le sujet que nous nous sommes **proposé** de traiter, l'emploi agricole des **eaux**, et dans la disposition où se trouvent maintenant beaucoup de bons esprits de rejeter l'endiguement, il nous a semblé utile de résumer la question et de lui donner place dans **notre** travail pour laisser trace de la discussion, et **pour écarter** autant qu'il est en notre pouvoir le plus grand obstacle opposé aux grandes améliorations que nous désirons propager.

L'eau produit ses puissants effets, ou par suite de son extravasion naturelle hors de son lit sur le bassin qu'elle s'est formé, ou au moyen de procédés artificiels qui la font répandre à volonté sur le sol au moment du besoin. Ainsi donc les irrigations peuvent se distinguer en deux grandes classes : les irrigations naturelles ou les inondations, et les irrigations artificielles qui ont lieu au moyen des travaux de l'homme. Les premières sont dans l'état des choses de beaucoup les plus importantes et les plus étendues; elles ont lieu sur une grande partie de la surface du littoral des ruisseaux, des torrents, des rivières et des fleuves dont elles fécondent les bords, c'est-à-dire sur plusieurs millions d'hectares, les plus féconds de France; elles sont le seul moyen naturel de fécondation de toute cette étendue de sol; elles ont même créé ce sol avec toute sa fécondité, et elles l'entretiennent en grand produit par leurs dépôts annuels, sans que le plus souvent l'homme soit obligé d'y rien ajouter; et cependant le but principal que se propose l'endiguement est de supprimer ces irrigations naturelles, sources de son produit actuel et à venir.

Mais en même temps que ce système mettrait fin aux irrigations naturelles, il empêcherait en plus grande partie, ou du moins rendrait très-difficiles, ainsi que nous le verrons, les irrigations artificielles qu'on réclame de tous les points de France. Il y a donc antagonisme entre l'irrigation et l'endiguement, puisque les irrigations naturelles et artificielles consistent dans l'épanchement spontané ou artificiel des eaux sur le sol et du limon fécondant qu'elles contiennent, et que le but, au contraire, de l'endiguement est de s'opposer à l'épanchement de ces eaux, et, par conséquent, des principes fécondants qu'elles charrient. Le résultat nécessaire du système d'endiguement est d'entraîner au loin ce limon, ces principes fécondants, d'en obstruer les lits des cours d'eau, d'en former des atterrissements qui changent en marais les meilleures vallées, et de rendre ainsi préjudiciables au pays ces dépôts féconds qui, bien employés, devaient en faire la richesse. Enfin il compromet, comme nous le verrons, l'avenir encore plus que le présent : il menace la salubrité, la fécondité du littoral de nos cours d'eau, c'est-à-dire des parties les plus fertiles et les plus habitées de notre pays. Nous ne devrons donc pas craindre d'entrer à ce sujet dans quelques développements, d'autant mieux que jusqu'ici la question n'a pas encore été traitée avec l'étendue qu'elle mérite.

CHAPITRE II.

DES LOIS NATURELLES QUI ONT PRÉSIDÉ A LA FORMATION DES BASSINS.

Pour pouvoir motiver notre opinion sur ce sujet important, nous nous trouvons obligé de remonter aux lois naturelles et providentielles qui ont présidé à la formation des bassins, au creusement des lits des cours d'eau, et à l'écoulement dans le grand réservoir de toutes les eaux de sources et de pluies que n'absorbent pas la végétation et les phénomènes atmosphériques.

Sans vouloir remonter aux différentes périodes géologiques auxquelles sont dûs la forme et l'état actuel du globe, nous ferons remarquer que dans les dernières révolutions aqueuses qui ont succédé aux périodes de soulèvement, les eaux chargées de débris et de limons les ont déposés sur toute la surface, sur celle des bassins comme sur celle des montagnes. Ce dépôt est la couche superficielle du sol à laquelle on a donné le nom de *diluvium*, et qui est devenue la couche végétale.

Les eaux, dans leur retraite, en s'acheminant aux parties les plus basses du globe pour y former les mers, ont donné à ces parties basses de sol, devenues les bassins des cours d'eau, une pente analogue à celle qu'elles avaient sur leur surface d'écoulement ; et cette surface, en vertu des lois hydrostatiques, s'est nivelée suivant une pente représentée par la différence de niveau du point de départ des eaux à celui de leur arrivée, c'est-à-dire des hauteurs du sol soulevé aux dépressions de terrain où se sont établies les mers. Les fonds des bassins sur lesquels s'écoulait un grand prisme d'eau avec une vitesse en rapport avec la pente, ont donc été modelés par ce prisme, et ont dû prendre une pente analogue à celle de sa face supérieure. Après la formation du fond des bassins, premier lit du cours d'eau, les eaux, en s'abaissant et diminuant de volume, se sont réduites à en occuper les parties les plus basses, et, en continuant de s'écouler, elles se sont creusé dans le limon qu'elles venaient de déposer un lit en rapport avec leur volume normal ; ce lit, qui n'était d'abord qu'ébauché, a achevé de se former et de se régulariser par l'action continue des eaux de sources et de celles des pluies non absorbées par le sol ; il s'est formé spécialement par et pour le débit des eaux moyennes, et ses dimensions se sont établies en raison de leur masse; lorsque les pluies ont été abondantes, le lit ordinaire a été insuffisant, et le fond du bassin tout entier est redevenu le lit des eaux surabondantes. Ainsi donc, les lois naturelles ont préparé aux eaux un double lit, leur lit ordinaire pour les eaux moyennes, et le fond entier du bassin pour les grandes eaux.

Mais dans la succession des temps, toutes les fois que les eaux sont abondantes, des masses d'eau arrivent de toutes les inflexions de terrain, des parties supérieures du bassin et des pentes plus ou moins rapides qui le bordent; elles entraînent avec elles des terres, du limon qui se déposent successivement dans l'extravasion des eaux sur toute sa surface, et y forment une couche supérieure à laquelle on a donné le nom d'alluvion; ces eaux, en s'écoulant, achèvent de régulariser la pente qu'avaient déjà établie les premières retraites des eaux. Ainsi se sont formés tous les bassins de nos cours d'eau, grands et petits, au milieu du chaos et du désordre que semblait devoir laisser après lui l'immense mouvement des eaux.

CHAPITRE III.

DE LA FORMATION DES ALLUVIONS MODERNES. — ACCROISSEMENT INCESSANT DES PENTES.

Après la formation des bassins dûe aux grands cataclysmes, la succession des divers débordements a produit des résultats qu'il est important de remarquer. Et d'abord les eaux, en s'épanchant sur leurs bassins, déposent sur les parties les plus rapprochées de leur origine la plus grande portion du limon qu'elles charrient, et leurs dépôts diminuent d'épaisseur à mesure qu'elles s'avancent; il en résulte que la pente des bassins dont les eaux peuvent se répandre librement doit aller sans cesse s'augmentant, puisque leurs dépôts sont toujours plus forts dans les parties supérieures; en vertu de cette loi, les pentes se sont formées et se maintiennent plus fortes dans les parties supérieures du bassin, et cet effet qui se continue, tend à exhausser leur littoral et à lui donner des pentes de plus en plus fortes, à mesure que les temps s'écoulent.

Cette loi d'accroissement régulier des pentes est modifiée par l'effet des affluents qui, arrivant avec tout leur limon, tendent à surélever aussi les parties du grand bassin qui leur sont subordonnées; mais tout en diminuant la pente des parties immédiatement supérieures et la régularité de la pente générale, elle tend aussi à élever le niveau du fond du bassin, et, par conséquent, à augmenter sa pente par rapport au niveau de la mer.

Cet accroissement successif de pente du fond des bassins devient une grande loi conservatrice; les eaux du fleuve arrivant à leur embouchure dans la mer, y rencontrent la masse de ses eaux qui leur fait obstacle, détruit leur vitesse et les amène au repos; elles déposent alors leur limon; elles élèvent ainsi successivement le fond de l'embouchure, les parties inférieures du lit du fleuve, et s'y créent un obstacle à leur propre écoulement; cet obstacle, en s'accroissant de jour en jour, affaiblirait, finirait même par détruire la pente, et tendrait à faire refluer les eaux sur le littoral et à y établir des marais. Mais, d'après ce que nous venons de dire, ce littoral, lorsqu'on permet aux eaux de s'extravaser librement, tend lui-même sans cesse à s'élever, et l'exhaussement qu'il reçoit des eaux du fleuve et de celles des affluents le maintient assez naturellement et le plus souvent à un niveau plus élevé que l'atterrissement produit par le fleuve; cet atterrissement est bien à la fois, il est vrai, le produit des eaux ordinaires et des eaux extravasées, et semblerait par cette raison devoir prendre un niveau plus élevé que celui du littoral qui ne reçoit que les eaux extravasées ; mais, d'une part, les eaux ordinaires ne contiennent pas un millième du limon de la masse des eaux d'inondation ; et, d'autre part, ces eaux, avant d'arriver à la mer, ont laissé sur le littoral, puisqu'elles sont libres de s'y épancher, la plus grande partie de leur limon ; enfin, les eaux de l'embouchure ont, pour se répandre, l'immensité de la plaine liquide dans sa largeur et sa profondeur, pendant que l'étendue du littoral est relativement beaucoup plus bornée. Ainsi donc, lorsqu'on laisse aux eaux leur libre écoulement sur le littoral, la pente générale s'y conserve, se maintient, grandit même, et, par conséquent, le bassin garde son écoulement.

Toutefois, lorsque l'embouchure se trouve resserrée par des causes accidentelles, l'atterrissement qui s'y forme est par là réduit à des dimensions relativement peu étendues. Alors, au bout d'un certain temps, il pourrait s'élever au-dessus du niveau de l'atterrissement du littoral ; mais ce cas serait rare et presque exceptionnel.

Cette tendance, lorsqu'elle existe, peut se contrebalancer en ouvrant aux eaux d'inondation de larges canaux qui les jettent sur le littoral ; les dépôts s'y font alors en très-grande masse, et on lui fait conserver ainsi un niveau supérieur à celui de l'embouchure ; par là la contrée continue d'écouler ses eaux dans le fleuve, et, par conséquent, il ne se forme aucun marais sur ses bords.

Mais lorsque le fleuve est emprisonné entre des digues qui remontent incessamment sur tout son cours, que ces digues contiennent à la fois les eaux et le limon qu'elles charrient, ce limon, au lieu de s'étendre naturellement sur les rives, d'y combler les parties basses, d'en conserver et d'en accroître même la pente, ce limon, disons-nous, dé cuple au moins en volume de ce qu'il eût été avec le fleuve librement épanché sur son bassin, se dépose d'abord dans le lit lui-même, d'où il résulte une diminution de pente; et quand les eaux arrivent à l'embouchure où elles cessent d'être contenues par les digues, elles s'y épanchent en nappe avec tout leur limon, y forment bientôt un atterrissement d'un niveau en rapport avec celui des digues, et, par conséquent, plus élevé que les atterrissements supérieurs. Et puis, au milieu de cette nappe épanchée, les eaux du lit conservent plus de rapidité, déposent leur limon dans sa direction, forment à quelque distance de l'embouchure une barre qui s'accroît du dépôt quotidien des eaux ordinaires comme de celles des grandes eaux, et qui, en raison de la profondeur du lit et de la masse des eaux relativement plus grande, s'accroît rapidement, et s'élève bientôt plus encore que l'atterrissement de l'embouchure. Le lit du fleuve s'obstrue donc de plus en plus, l'atterrissement de l'embouchure s'oppose à l'écoulement des eaux, des marais se forment, s'accroissent et remontent dans le bassin à mesure que les atterrissements de l'embouchure et la hauteur de la barre s'élèvent. Ainsi, par l'établissement des digues, on décuple la puissance d'atterrissement des embouchures, l'obstruction du lit du cours d'eau, les obstacles à la navigation; on détruit les lois providentielles et conservatrices de la salubrité du littoral des cours d'eau qui, au moyen de l'extravasion des grandes eaux, tendaient à l'élever de plus en plus et à accroître sa pente. Enfin, par l'endiguement, le limon, en s'accumulant dans le lit et sur les parties inférieures du bassin, diminue nécessairement la pente du cours d'eau en remontant son cours, ôte aux eaux leur écoulement naturel, et, par conséquent, arrive à faire remonter indéfiniment le marais sur les deux rives.

L'élévation successive du bassin des rivières, et, par conséquent, l'accroissement de leur pente, est d'ailleurs un fait qu'il n'est pas possible de contester. Sur le littoral des petits comme des grands cours d'eau, on trouve des niveaux d'habitations civilisées, inférieurs souvent de plusieurs mètres au niveau actuel des bassins; on rencontre souvent aussi dans ces niveaux inférieurs des terrains marécageux, des tourbes qui bordaient le lit lorsque la pente était moindre et qui sont actuellement recouverts d'une alluvion féconde qui, en accroissant la pente du littoral, l'élève et l'assainit. L'extravasion des cours d'eau sur leurs bords a donc toujours été une source de bien pour l'habitation des hommes.

Nous avons, dans ce qui précède, expliqué la formation de la pente du bassin des rivières dans le sens du courant des eaux et de la longueur du bassin; nous expliquerons d'une manière analogue sa pente latérale. Nous avons vu que, dans les grandes révolutions aqueuses du globe, le lit des eaux a dû s'établir dans les parties les plus basses; le lit était donc la partie la plus basse du bassin, et les eaux des affluents, en s'y rendant depuis le coteau qui le bordait, ont tendu à créer sur le fond du bassin une pente dans le sens de leur marche, c'est-à-dire depuis le coteau jusqu'au lit du cours d'eau.

Toutefois, cette forme primitive tend à s'altérer plus ou moins fortement sur le bord des cours d'eau limoneux; les eaux, après la formation des bassins, en s'extravasant lors des pluies, ont couvert d'abord leurs rives immédiates avant de s'étendre sur le reste du bassin, et pendant l'inondation s'y sont maintenues plus longtemps et plus profondes; elles y ont dès lors fait des dépôts plus considérables, qui se sont accrus plus que l'exhaussement général du reste de la vallée. Il en est résulté que la pente du coteau au cours d'eau s'est d'abord altérée, et comme le dépôt des eaux est plus fort au moment où elles quittent leur lit, ce dépôt est arrivé à former avec le temps et successivement une élévation de sol le long du cours d'eau, en sorte que le milieu de la prairie est devenu plus bas que ses bords. Cet effet qui se rencontre plus ou moins sur tous les cours d'eau grands et petits, est bien remarquable sur la Saône. Suivant M. Laval, ingénieur en chef de sa navigation, la largeur moyenne du fond de sa vallée est de 3 à 4 mille mètres, et les bords de la rivière sont plus hauts en moyenne de 80 centimètres que son milieu; cette contre-pente s'étend sur 12 à 1,500 mètres; au-delà le terrain se relève jusqu'au coteau par une inclinaison inverse d'une quotité variable.

On trouverait au besoin dans cet état de choses une nouvelle preuve de l'élévation successive du bassin des rivières, et comme les générations qui se succèdent s'aperçoivent de l'exhaussement graduel de cette espèce de bourrelet, on y lit encore que la forme actuelle du bassin de nos rivières n'est pas très-ancienne, et ne doit pas remonter au delà du temps où les livres sacrés ont placé la dernière catastrophe diluvienne.

Cette forme nouvelle des bassins n'est pas sans inconvénient; les eaux des coteaux ne peuvent plus s'écouler directement dans le lit du grand cours d'eau, et tendent à se former, en se joignant aux eaux du revers du bourrelet, un lit secondaire dans la partie la plus basse du bassin; mais ce lit lui-même manque d'écoulement, parce que les affluents sur leurs rives immédiates ont produit un atterrissement analogue à celui du grand bassin. Ce double atterrissement emprisonne les eaux de pluie et d'inondation, rend marécageux le fond de la prairie, ou au moins y fait stagner des eaux dans toutes les pluies un peu fortes.

Cette élévation successive des bords des cours d'eau tendrait à rendre les inondations moins fréquentes, et les bourrelets qui s'y forment sont des digues naturelles qui s'opposent à l'extravasion des eaux. Pour en faire l'application au bassin de la Saône dont nous venons de parler, les eaux de la grande rivière sembleraient ne devoir s'extravaser sur la prairie que lorsqu'elles dépassent de 80 centimètres, hauteur moyenne du bourrelet actuel, le niveau du milieu de la prairie ; cette digue cependant ne les préserve pas à cette hauteur, parce que les affluents n'ont pas formé sur leurs bords un bourrelet d'une hauteur égale à celui de la grande rivière.

D'ailleurs ce profil concave de la vallée de la Saône est remarqué dans la plupart des vallées grandes et petites ; il est frappant entr'autres dans celles de la Seine, du Rhin, du Nil, etc.

Nous avons dit que, dans la dernière des grandes catastrophes aqueuses, les eaux dans leur repos ont déposé sur la surface une couche des débris qu'elles charriaient ; et ces dépôts, à la retraite des eaux, ont formé la surface du sol, qui est devenue la couche végétale à laquelle on a donné le nom de *diluvium*.

Dans le moment des grandes pluies, ces terres, déposées sur les plateaux, les sommets et les pentes, se pénètrent, se détrempent, se délayent ; devenues en quelque sorte fluides, elles sont entraînées avec les eaux, se réunissent avec elles d'abord dans les inflexions de terrain, puis dans des lits ouverts et deviennent par leur réunion une puissance qui ravine le sol, creuse le lit primitif et emporte ses bords ; lorsque la pente devient moindre et que le bassin s'ouvre et s'agrandit, les eaux déposent leurs plus gros débris sur les bords du lit, puis se rendent successivement dans les bassins inférieurs moins penteux ; elles s'y extravasent aussi sur leurs bords, où elles laissent encore une partie des terres et des graviers qu'elles entraînent, jusqu'à ce qu'arrivées dans le bassin central où la pente est encore moindre et réunies à toutes les eaux des affluents et de la grande rivière, elles couvrent tout le littoral en y déposant une partie des terres qu'elles tiennent encore suspendues ; la portion de ce limon qui se compose de parties plus ténues, est entraînée plus

loin, là où la pente du fleuve diminue; les eaux s'y trouvent en plus grande masse, soit en raison de leur moindre vitesse, soit parce que celles des affluents sont réunies;
mais le bassin s'est élargi à mesure que les eaux se sont ac-
crues, et les dépôts, par les raisons que nous avons énon-
cées, y sont moins élevés que dans les parties supérieures.

On peut d'ailleurs juger de la puissance des atterrissements du Rhône, par exemple, d'une manière assez précise.
Des observations recueillies par M. Gorse, ingénieur des
ponts et chaussées, ont établi que le Rhône dans les grandes
inondations charriait à Arles, non loin de son embouchure, une quantité de limon égale à un deux cent trentième de son volume (1). Dans les eaux basses, le limon du
Rhône ne serait plus que de un sept millième; et en com-
binant ensemble le nombre, la puissance, la durée des inondations et celle des eaux moyennes et basses, il a pensé
qu'on pouvait admettre que ce volume de limon était en
moyenne de un deux millième. Or, d'après les documents
recueillis par M. Lortet, le Rhône débite par ses embouchures 2,200 mètres cubes, et, par conséquent, entraîne
1^{m}10 de terre par seconde dans la mer, ce qui produirait
un atterrissement de 95 mille mètres cubes par jour, et suffirait par an à couvrir d'un mètre de limon 3,400 hectares,
ou plus de deux lieues carrées (2).

(1) D'autres observateurs admettent que le Rhône charrie un centième
de limon dans ses plus grandes eaux, le Nil un cent trente-deuxième,
et le Rhin, d'après M. Boussingault, un cinquantième.

(2) Cet atterrissement se préjugerait beaucoup plus considérable en
employant les données de M. Mescure de Lasplanes. *Le Rhône*, dit-il,
roule 14 mille mètres cubes par seconde dans ses grandes crues. — Il dépose-
rait donc vers ses embouchures 5 millions 260 mille mètres cubes par
24 heures, en supposant qu'il charrie un deux cent trentième de limon,
et plus de 12 millions en en admettant un centième. En un seul jour
donc, il couvrirait 1,200 hectares, ou 12 kilomètres carrés, de 1 mètre de
hauteur de limon.

Cette masse que le Rhône dépose à son embouchure est loin de représenter toute celle que reçoivent ses affluents et qu'il reçoit lui-même. Dans les grandes pluies qui déterminent les inondations, les eaux coulent de toutes les pentes, se forment en petites nappes et bientôt en ruisseaux qui délayent les terres et les entraînent avec elles. Tous les cours d'eau, grands ou petits, calmes ou torrentueux, s'extravasent sur le littoral plus ou moins étendu de leurs bassins, y couvrent des espaces cent fois, deux cents fois plus grands que leur lit, y coulent en nappes moins rapides que les eaux du lit, et y déposent la plus grande partie des terres et débris qu'ils charrient; il n'en arrive peut-être pas un centième dans le lit du fleuve, et le fleuve, à son tour, en s'extravasant, laisse sur ses bords les parties les plus lourdes du limon qu'il entraîne et qu'il a reçu de ses affluents. On conçoit que cela doit être ainsi, et que si les grands cours d'eau eussent entraîné avec eux toutes les terres qu'ont perdues nos montagnes et leurs pentes depuis l'époque diluvienne, les atterrissements du Rhône seraient vingt fois, cent fois peut-être plus étendus que la Camargue et la plaine de Beaucaire à Aigues-Mortes et d'Aigues-Mortes à la mer, qu'on doit naturellement leur attribuer. Ces terres se sont donc déposées presque en entier sur les millions d'hectares des bassins des cours d'eau qui versent au Rhône; et néanmoins la marche de l'atterrissement du Rhône a encore été bien rapide, puisque saint Louis s'est embarqué pour la croisade au port d'Aigues-Mortes, maintenant éloigné de la mer de plus de 8 kilomètres.

Mais un fait plus récent, recueilli par M. Baude, révèle une marche d'atterrissement encore bien plus rapide. La tour de St-Louis a été bâtie dans la Camargue en 1737, à 2,600 mètres de la mer; elle en est maintenant à 7,200; l'atterrissement, dans un peu plus d'un siècle, s'est donc augmenté d'une longueur de 4,600 mètres, et la mer, avant qu'il s'élevât jusqu'à sa surface actuelle, a du en être remplie dans ses profondeurs. Le Rhône, depuis le milieu du dernier siècle, a donc vu s'augmenter beaucoup sa puissance d'atterrissement, et cela est dû nécessairement aux digues dont le grand développement ne remonterait qu'à 1755.

La puissance d'atterrissement de tous les cours d'eau grands et petits, du Rhône en particulier, est donc bien grande ; c'est un effet naturel dont il est important de prévoir toutes les conséquences et dont l'homme en le dirigeant peut tirer de bien utiles résultats qui, par contre, peuvent lui devenir grandement nuisibles s'il le dirige mal.

Mais toutes ces terres qui forment les atterrissements, toutes celles que l'épanchement des eaux laisse sur la surface des bassins, sur les surfaces irriguées, viennent des parties élevées de ces bassins, des contrées montagneuses ; ces contrées et les montagnes elles-mêmes tendent donc à s'affaisser, leurs terres s'entraînent dans les plaines, les lits des fleuves tendent à s'exhausser, et, par la suite du temps, les eaux perdraient leur pente, et leurs lits se rempliraient si, dans les inondations, leurs bords ne s'exhaussaient pas sans cesse par le dépôt des terres. Ainsi donc, l'industrie de l'homme doit s'étudier à faciliter l'extravasion des eaux plutôt qu'à les contenir.

Après avoir développé les lois conservatrices qui ont présidé à la formation des bassins, à celle de leurs atterrissements qui en accroissent incessamment les pentes, facilitent l'écoulement des eaux, s'opposent à la formation des marais et tendent à dessécher ceux qui existent, il est temps d'entrer dans le fond de notre sujet, et d'apprécier sous leurs différents points de vue les résultats de l'endiguement des cours d'eau.

CHAPITRE IV.

LES INONDATIONS SONT DUES EN GRANDE PARTIE AU DÉBOISEMENT ET AU DÉFRICHEMENT DES PENTES.

L'homme à qui la surface du sol semble confiée pour la rendre féconde, pour y faire naître les produits nécessaires à ses besoins et ceux qui font l'agrément de sa vie, a été doué d'une intelligence supérieure pour accroître les biens que la nature lui prodigue et pour diminuer le mal dont elle le menace. Ici, il semble avoir fait tout le contraire de ce qui serait le plus convenable pour s'opposer aux suites fâcheuses du mouvement des eaux. La nature prévoyante avait couvert de végétaux de toute taille les pentes des montagnes; dans son lent mais incessant travail, la végétation accroissait par ses débris la couche de terre qui les couvrait; l'homme auquel le sol de la plaine n'a bientôt plus suffi, au lieu de s'occuper à en tirer un meilleur parti par une culture intelligente, a voulu agrandir son domaine; il a rompu les gazons, arraché les végétaux des pentes et ameubli pour le cultiver le sol qui les couvrait; les pluies qui sont survenues ont entraîné facilement ce sol, qui a grossi la masse torrentueuse et augmenté ses dégâts; plus tard (et nous y sommes), le rocher, mis à nu, a laissé couler instantanément toutes les eaux des pluies, tandis qu'avant les défrichements elles étaient retenues, divisées par les terres gazonnées, par les tiges, les feuilles et les racines nombreuses des petits et des grands végétaux; ces eaux, retenues à la surface, s'infiltraient dans ses profondeurs, alimentaient les réservoirs des sources du pied de la montagne; les sources manquant d'aliments, ont en partie tari, et celles qui se sont conservées se sont beaucoup affaiblies. Ainsi, une grande partie des eaux qui tombent à la surface ne s'y arrêtent point, s'écoulent en masses dévastatrices, et deviennent un fléau au lieu d'être un bienfait comme dans leur destination primitive.

Par l'écoulement en quelques heures de volumes d'eau qui se distribuaient au moyen des sources pendant tout le cours de l'année, les torrents et tous les cours d'eau grandissent instantanément, leurs ravages croissent en proportion, et les inondations sont devenues plus fréquentes, plus étendues, plus subites, et, par conséquent, plus funestes dans leurs effets. La plantation des terrains en pente, l'emploi des eaux de pluie aux irrigations, leur dérivation par des barrages pour rompre leur masse, les distribuer sur les pentes gazonnées où elles laisseraient la fécondité avec le limon qu'elles charrient, diminueraient sans doute le mal et nous rendraient en partie les garanties que notre imprudence nous a enlevées; mais au lieu d'en agir ainsi, on a eu recours à des moyens qui ne servent qu'à empirer le mal.

CHAPITRE V.

INSUFFISANCE DES DIGUES POUR SE PRÉSERVER DES INONDATIONS ET DES DÉSASTRES QU'ELLES ENTRAINENT.

§ 1. *Résultats immédiats des digues.*

1. Les pertes que font éprouver les inondations ont fait chercher aux riverains les moyens de s'en préserver; la plupart n'en ont pas trouvé d'autres que les digues; on veut donc en établir là où il n'en existe point encore et rehausser celles déjà existantes; mais, nous osons le dire, tous ces travaux, anciens ou nouveaux, exécutés ou en projet, offrent beaucoup plus d'inconvénients que d'avantages.

Toutefois, expliquons-nous bien : les digues que nous

combattons sont les chaussées élevées au dessus des berges
des cours d'eau, qui empêchent les grandes eaux de s'extravaser sur la surface du bassin, les chaussées qui, en leur
offrant au dessus du sol un lit artificiel, doivent contenir
toute leur masse et l'envoyer aux rives inférieures. Quant aux
travaux de défense des berges, aux *perrés* qui les soutien-
nent, ou aux digues mêmes dans le lit du cours d'eau qui
s'élèvent au niveau des berges pour arrêter sa marche toujours envahissante, reprendre au fleuve les terrains qu'il vient
d'usurper, maintenir sa direction de manière à faciliter la navigation, diriger son lit du côté des ports d'embarquement,
tous ces travaux, disons-nous, doivent être encouragés;
l'administration même y doit aider, puisqu'ils deviennent
d'intérêt général; car, outre qu'ils conservent des établisse-
ments et des terrains précieux, ils arrêtent l'érosion des berges, grandement accrue par la vitesse des bateaux à vapeur.

Ce que nous rejetons, ce sont les digues qui veulent créer
un lit artificiel aux grandes eaux du fleuve, en leur refusant
le bassin qu'elles avaient elles-mêmes dressé comme lit sup-
plémentaire et spécial pour ces grandes eaux.

La protection qu'on leur demande est bien chèrement
achetée, car elles retardent le cours des eaux, élèvent par
conséquent leur niveau, et les inondations deviennent d'autant plus fréquentes que les eaux n'ont désormais pour s'évacuer qu'un lit rétréci, souvent obstrué; que ce lit, quelle
que soit l'étendue qu'on lui donne, affaibli dans sa pente,
sera bientôt rempli par l'effet des grandes pluies; alors les
eaux en relief sur le sol se précipitent de toute leur hauteur
sur le littoral environnant, et y causent des dégâts tout autrement terribles que ceux des anciennes inondations, où
les eaux s'épanchaient en nappes amorties sur un lit de toute
l'étendue du bassin (1).

(1) Nous écrivions ceci avant les funestes inondations des bords de la
Loire; la leçon a été terrible, mais tout annonce qu'on n'en profitera pas.

Ainsi, les digues menacent l'agriculture et le pays d'un avenir funeste : elles privent le sol du limon qui l'a rendu fécond et qui est essentiel à sa prospérité; elles semblent favoriser les fermiers à courts termes, mais en exigeant des constructions et des entretiens dispendieux, en privant le sol de ses moyens de réparation, elles le conduisent à l'épuisement, elles entament ainsi et détruisent en partie le capital du propriétaire.

2. En compensation de quelques récoltes qu'elles affaiblissent ou détruisent, les inondations produisent des avantages bien remarquables; d'abord elles couvrent le sol d'un limon fécondant qui lui assure, sans autre engrais, les plus riches récoltes. Les bords des fleuves et des rivières sont partout, sans contredit, les parties les plus fécondes du sol, et il est bien évident que cette fécondité est uniquement due aux terres d'alluvion qu'y ont déposées les inondations. Les trois quarts des prairies n'ont pas d'autre source de fécondité. Sur les bords de la Saône comme sur ceux de la plupart des cours d'eau, on voit, dans les années où les eaux se répandent à propos, les récoltes des foins s'élever au double de ce qu'elles sont dans les années où ces eaux restent dans leur lit (1).

Mais cette fécondité que les eaux portent aux prairies, elles la donnent aussi aux terres labourables. Sans citer les inondations du Nil, en France et partout ailleurs, la plus grande partie des terres qui peuvent se cultiver sans fumier doivent cette fécondité aux inondations annuelles des rivières qui les bordent. Ce fait se remarque sur les bords de plusieurs des affluents de la Saône; longtemps aussi on a vu une partie de ceux du Doubs, ceux de la Loire entr'autres, se cultiver sans fumier. L'effet des inondations est encore

____

(1) Il faut acheter, dit le proverbe, maisons bâties, vignes plantées et prés qui rouillent.

bien remarquable sur les bords du Rhône ; en diguant le fleuve, on a laissé une étendue assez considérable de ses bords pour lui servir de bassin dans les inondations et diminuer par là la fréquence et le danger de celles qui surmontent les digues. Eh bien ! ces terrains non digués produisent souvent jusqu'au double de ceux préservés ; on les sème tous les ans sans fumier, et leur produit net est encore, toute chance d'inondation déduite, bien supérieur à celui des terrains placés de l'autre côté de la digue. Il est évident que si on n'avait pas fait de digues, la plus grande partie du littoral se trouverait dans le même cas ; seulement le bienfait des eaux, réparti sur une plus grande étendue, serait un peu moins sensible, et le dépôt de limon y serait moins épais ; mais les *ségonnaux* placés dans le lit resserré sont plus souvent, plus longtemps sous les eaux, plus sujets aux arrachements, et cependant ils ont plus de valeur ; la valeur et le produit des terrains digués seraient donc, sans les digues, au moins égaux à ceux actuels des *ségonnaux*. Il en est de même des îles anciennes du Rhône qui, avec toutes leurs chances d'inondation, sont plus chèrement affermées que le littoral protégé.

Des faits analogues se remarquent sur les bords de la Gironde ; déjà, au dire d'observateurs attentifs et non prévenus, les territoires digués s'aperçoivent d'une diminution notable de fécondité, comparés à ceux qui ne le sont pas.

Nous trouverions sur toutes les rives des cours d'eau digués des faits pareils et aussi concluants. Les inondations apportent donc avec elles une source immense de fécondité. Mais elles produisent encore un avantage qui, quoique ne semblant pas immédiat, n'est pas moins de la plus haute importance pour l'avenir du pays.

3. Nous avons vu que les inondations élèvent de plus en plus le sol et accroissent la pente du littoral ; cet effet qui

se continue sur toute son étendue jusqu'à la mer, contrebalance, comme nous l'avons dit, celui des atterrissements de l'embouchure qui, en comblant le lit du cours d'eau, diminuent sa pente; mais cet avantage cesse aussitôt que des digues emprisonnent ses eaux. D'une part, la pente cesse de s'accroître sur le littoral, et, d'autre part, les digues conservant dans le lit du fleuve tout le limon qu'il eut rejeté sur ses bords, et le dépôt se formant dans une direction resserrée par les digues, les atterrissements doivent décupler de puissance; ils font bientôt remous sur le cours du fleuve, sa pente diminue, son lit se comble, et les atterrissements s'élèvent et s'accroissent dans une rapide progression; le lit des cours d'eau, par une suite nécessaire, finit donc par s'élever au-dessus du sol de la contrée, et, par conséquent, il cesse d'être le moyen d'assainissement et d'écoulement que la nature avait assigné à son bassin; ses bords deviennent marécageux, parce qu'ils n'ont plus de moyens d'évacuer leurs eaux. On ne peut pas les faire écouler par des lits latéraux; car, pour rendre efficace l'endiguement du fleuve, il est nécessaire de diguer à la même hauteur le lit des affluents; les lits latéraux seraient donc barrés par ces digues secondaires, et, par conséquent, des marais pestilentiels se formeraient à la place des terres fécondes; mais le travail incessant du fleuve continue, son lit se comble de plus en plus, l'atterrissement qui retient les eaux de la contrée s'élève, les marais remontent, le littoral est de plus en plus en plus envahi, la hauteur des digues doit croître en proportion, et tout cela d'autant plus rapidement que la pente du cours d'eau est moindre.

Quel peut être l'avenir d'un pareil état de choses? Dans quelque grande inondation ces eaux, s'échappant de leur lit artificiel, se creuseront des lits plus naturels au pied de ceux qu'elles abandonneront; mais avant d'avoir un écoulement régulier, le pays sera submergé; il deviendra un marais pestilentiel inhabitable et incultivable, suite de l'imprudence et de l'imprévoyance des hommes.

L'Italie n'en est que trop la preuve vivante; la plupart de ses cours d'eau coulent maintenant en relief sur la surface du sol; des marais se sont formés, ont rendu inhabitable une partie de leurs fertiles bassins; dans d'autres, des soins et des travaux de tous les jours sont devenus nécessaires pour se défendre de l'invasion des eaux en relief sur la contrée; mais le mal va grandissant, le lit s'exhausse de plus en plus, et l'Italie est menacée de voir le reste de ses plaines les plus fécondes converties en marais indesséchables, parce que les atterrissements des parties où le fleuve contenu par les digues entasse son limon s'élèvent incessamment, que les digues suivent cette progression, et que le sol sans écoulement et par conséquent les marais croissent de plus en plus.

La construction des digues n'y paraît pas très-ancienne : l'histoire romaine qui a gardé le souvenir de tous les grands travaux, n'en conserve, à ce qu'il semble, point de trace; les digues, nous le pensons, se seraient élevées au temps où l'Italie, partagée en petits Etats, était riche et florissante; elles auront été alors l'ouvrage de petits intérêts circonscrits et souvent rivaux. On construisit d'abord les premières près de l'embouchure des rivières pour fixer les eaux qui divaguaient sur leur littoral; les cours d'eau dès lors avaient peu de pente, surtout près des embouchures; ils se formaient de torrents issus de montagnes couvertes d'un sol meuble et facile à entraîner; les eaux limoneuses ont eu bientôt comblé leur lit rétréci par les digues; le littoral supérieur appartenant à l'Etat voisin vit, par le fait de cette entreprise, les inondations se multiplier par la diminution de pente du cours d'eau, et trouva bientôt nécessaire de se diguer à son tour; les digues ont ainsi successivement remonté, et, pendant ce temps, les plaines, les bassins ont perdu leur écoulement, les marais sont survenus, avec eux l'insalubrité, et une partie des meilleurs vallons d'Italie est ainsi passée à l'état de *maremmes;* bientôt habitants et habitations en ont disparu, et les pays ont été réduits à l'état misérable où nous les voyons aujourd'hui : un séjour prolongé y est maintenant mortel pour l'homme. Pour tirer parti de ce sol encore fécond, il est obligé de le destiner spécialement à l'élève des animaux domestiques, et de renoncer presque partout à sa culture ; celle qui se continue encore sur quelques points se fait à l'aide de colons qui habitent hors de cette surface empestée, et y viennent seulement faire les semailles et les moissons.

La campagne de Rome en serait encore un bien frappant exemple. Pline nomme cinquante-deux villes qui existaient sur cette surface actuellement inhabitée, sans culture, et qui n'est peuplée que de quelques troupeaux et de leurs bergers, passés presque à l'état sauvage. Bien plus, la *mal-aria* semble avoir envahi la ville sainte tout entière : l'ancienne capitale du monde renferme maintenant un vingtième de ses anciens habitants, et elle aurait fini par succomber au fléau du mauvais air si elle n'était protégée par sa position de capitale du monde chrétien et par les souvenirs et les monuments de sa grandeur passée.

Ferrare devient inhabitable par suite des maladies qu'occasionnent les marais qui l'environnent; le Pô coule à la hauteur de ses toits; dans d'autres parties, les digues du fleuve s'élèvent au niveau des clochers des villages de ses bords.

Mantoue est loin de rappeler le lieu où Virgile avait choisi la scène de ses églogues : on ne trouve autour de cette ville qu'une suite de marais produits par les digues.

Les marais Pontins ont été autrefois, sur la plus grande partie de leur surface, le séjour fécond et salubre de la nation puissante des Volsques, qui a longtemps résisté aux efforts de la puissance romaine dans ses premiers âges; les anciens rappellent et on a trouvé les ruines de vingt-six villes qui y existaient (1).

M. Mescure de Lasplanes, ancien ingénieur, qui, depuis qu'il s'est retiré, s'occupe spécialement, dans l'intérêt de l'agriculture de son pays, de projets d'irrigation, dans un Mémoire sur la fécondité du limon des rivières, rappelle ce qu'il a vu sur les bords de l'Adige. Nous ne pouvons mieux faire que de citer ce qu'il dit sur les digues de ce fleuve, qui offre la preuve pratique de tous les inconvénients que nous venons de signaler :

« *Voulant préserver les campagnes des invasions de l'Adige,*
» *les Vénitiens donnèrent à ce fleuve des digues en terre; depuis*
» *lors son lit s'est comblé par les débris de rochers, les cailloux,*
» *le sable, le limon que lui apportent sans cesse ses affluents qui*
» *descendent des Alpes.*

» *A de courts intervalles de temps, on reconnaît la nécessité*
» *de relever le niveau de ces digues qui servent de grandes routes;*
» *il faut alors augmenter leur épaisseur au sommet et charger*
» *leur talus.*

» *En prenant pour cela des terres dans les plaines voisines, on*
» *forme des excavations où se réunissent les produits de la pluie*
» *et des filtrations; privées de mouvement, ces eaux deviennent*
» *un foyer de maladies pestilentielles.*

» *Des ingénieurs vénitiens ont constaté que le fond du lit de*
» *l'Adige, entre Vérone et la mer Adriatique, est plus élevé que*
» *le sol des campagnes environnantes, et que, dans ses grandes*
» *eaux, le fleuve porte son niveau à 6 ou 7 mètres au-dessus des*
» *terres cultivées qu'il traverse.*

» *Lorsque ce niveau atteint à une ligne tracée sur une échelle*

____

(1) Du temps de Pline, on remarquait déjà dans ce lieu un lac et même un marais du nom de Pontia, mais qui, à ce qu'il paraît, n'avaient pas alors beaucoup d'étendue.

» *métrique, on sonne le tocsin dans tous les villages ; j'ai vu alors*
» *la terreur se répandre dans les campagnes et jusqu'au sein des*
» *villes ; tous les habitants sans exception sont requis de se munir*
» *d'instruments propres à remuer, transporter des terres, fixer*
» *des fascines, enfoncer des pieux ; on les embrigade, et des ingé-*
» *nieurs vont avec eux bivouaquer sur les digues pour prévenir*
» *les ruptures et réparer les accidents ; chacun d'eux doit rester*
» *à son poste jusqu'à ce que le danger soit passé (1).*

» *Par suite du système des digues qu'on avait adopté et malgré*
» *les soins éclairés que donnait l'administration vénitienne à tout*
» *ce qui tenait à l'intérêt public, une étendue de terrain de dix-*
» *sept lieues de longueur sur sept de large, qui fut autrefois fé-*
» *condée par le mélange des argiles du bas Pô avec le sable que*
» *roule l'Adige, les Polésines en un mot, ces terres d'alluvion*
» *dont la fertilité était merveilleuse lorsque les fleuves de l'Italie*
» *supérieure n'avaient point de digues, n'offrent plus aujourd'hui*
» *que des marécages.*

» *Entourés d'eaux stagnantes dont ils ne pouvaient se débar-*
» *rasser, ne respirant qu'un mauvais air qui abrégeait de moitié*
» *le temps de leur existence, les anciens cultivateurs ont aban-*
» *donné leurs habitations aux reptiles et leurs terres aux roseaux ;*
» *le riz seul a le privilège d'être aujourd'hui cultivé dans une*
» *petite portion de cette contrée.* »

Il peut, au premier aperçu, sembler exorbitant d'attribuer un pareil état de choses au système des digues ; cependant il est certain qu'il n'existait pas avant leur construction ; et Ferrare, par exemple, n'a pu être bâti qu'alors que le Pô, au lieu de couler comme maintenant à la hauteur de ses toits, coulait au-dessous du sol sur lequel on l'a construit.

(1) On conçoit que ces soins sont utiles lorsque les eaux approchent du niveau supérieur des digues ; mais lorsqu'elles arrivent à les surmonter, nul effort humain ne peut s'opposer aux désastres qu'en se précipitant sur la plaine du sommet des digues elles causent sur tout le littoral.

Avant l'existence des digues, la ville n'était pas sur un sol couvert d'eau; on les a construites, comme ailleurs, pour se défendre des grandes eaux, et on les a successivement exhaussées pour obvier aux atterrissements, aux comblements de lits dont leur établissement décuplait l'intensité. Si on se refuse à admettre qu'elles aient amené l'état de choses actuel, on se trouverait obligé de recourir à des hypothèses purement gratuites que rien ne fonde et que les faits démentent; il faudrait supposer que cet état serait dû à une élévation du niveau des mers, ou à un abaissement du sol du littoral des fleuves; mais aucune observation ne constate un pareil fait. Les côtes de Suède semblent bien s'être élevées; celles de Naples, où fut bâti le temple de Pestum, à en juger par les madrépores qui couvrent une portion du fût des colonnes, paraissent bien avoir éprouvé un changement de niveau par rapport à celui de la mer. Par suite de cette oscillation, le sol où elles existent, qui nécessairement était au-dessus des eaux de la mer lors de la construction du temple, se serait abaissé au-dessous de son niveau pendant un certain temps où les madrépores se seraient formés par les polypes marins, et serait ensuite remonté au niveau actuel. Les faits peu nombreux d'élévation ou d'abaissement du terrain dans les temps modernes se bornent exclusivement aux bords immédiats de la mer. De pareils phénomènes dans les bassins de nos rivières produiraient d'immenses perturbations, formeraient des lacs, noieraient des cités; les niveaux actuels du sol dans l'intérieur des terres paraissent donc tout-à-fait constants. Et rien surtout ne prouve une pareille hypothèse pour le sol sur lequel repose Ferrare, pour les deltas de l'Adige, du Pô, les *maremmes* de Toscane, les marais Pontins; toutes ces contrées devenues insalubres continuent d'être au-dessus du niveau de la mer. La commission chargée par Napoléon de proposer des mesures pour le dessèchement des marais Pontins, s'est assurée

par des nivellements que leur sol y conservait un niveau
sensiblement plus élevé que la mer ; si les eaux qui rendent ces pays insalubres s'écoulent mal , c'est que leurs
débouchés leur ont été enlevés par le système des digues.

On peut, jusqu'à un certain point, s'expliquer comment
on est arrivé à leur établissement. Pendant les temps de
barbarie qui ont suivi la translation de la capitale de l'em-
pire à Constantinople, les cours d'eau d'Italie dont la pente
était déjà, comme maintenant, assez faible, et qui formaient
chaque année de grands atterrissements, cessant de recevoir
des directions intelligentes, ont divagué sur l'atterrissement
toujours croissant de leur embouchure, se sont ouvert des
lits multiples et insuffisants pour suppléer à celui que com-
blait l'atterrissement ; il en résulta des inondations plus fréquentes. A l'époque où l'Italie revint à la prospérité et à la
richesse, on songea à prévenir ces dégâts et à régler le cours
des eaux ; mais au lieu de faire un travail d'ensemble dans
lequel on aurait ouvert un grand débouché aux eaux et on
les aurait dirigées pour combler les parties basses, on ne
trouva malheureusement d'autre moyen que de les renfermer entre des digues. Les premières construites offrirent
quelques avantages ; encouragé par le succès, on les imita
sur beaucoup de points ; mais bientôt leurs désavantages
apparurent et le mal fut plus grand qu'il n'était avant leur
établissement ; avant elles, les inondations nuisaient quelquefois aux récoltes, mais amélioraient le sol ; avec elles,
les inondations, plus rares il est vrai, le détruisirent. On se
trouva alors obligé de les élever successivement pour obvier
aux atterrissements croissant avec une intensité décuple,
en raison du faible espace que laissaient les digues aux eaux
du fleuve et au limon qu'elles charriaient. On se trouva en
même temps obligé de diguer les cours d'eau tributaires à
la hauteur des grandes digues ; les eaux des pluies, retenues
entre les digues longitudinales du grand cours d'eau et

transversales des affluents, perdirent tout écoulement, et l'insalubrité s'accrut au point de rendre inhabitables les terrains qu'on avait voulu préserver. Toutes ces disgrâces n'arrivèrent pas immédiatement : elles se produisirent petit à petit. Et puis alors même qu'on eût attribué aux digues tous les malheurs qu'elles causaient, une fois ce système embrassé, on ne peut plus l'abandonner : on se trouve obligé, comme nous le verrons, de lui donner progressivement plus de développement, et ses inconvénients croissent en plus grand rapport encore que leur étendue. Ainsi donc, l'état ancien et actuel des lieux et les faits produits sous nos yeux nous semblent d'accord pour attribuer aux digues et à leur élévation successive l'état malheureux des deltas de l'Italie, des *maremmes* qui la désolent sur les rives de ses fleuves et près des bords de la mer.

Ce qui a puissamment contribué à amener l'état présent des choses en Italie, c'est que les grandes rivières y sont alimentées par des cours d'eau torrentueux issus des montagnes voisines, qui entraînent des quantités prodigieuses de limon ; la couche de sol qui couvre ses montagnes paraît généralement épaisse et meuble, et s'entraîne facilement dans les pluies ; aussi les colmatages y sont promptement efficaces. On cite des cours d'eau du Bolonais qui charrient jusqu'à 12 pour 100 de limon.

Les marais des bords du Rhône, près de ses embouchures, ont été créés de même que ceux d'Italie ; ils sont déjà bien étendus, et tendent à s'accroître encore ; mais les digues y sont moins anciennes, et la pente du fleuve est plus grande ; la marche du mal sera donc plus lente, mais non moins assurée, à mesure que se développera le système d'endiguement, qui déjà borde le fleuve sur une longueur de plus de 100 kilomètres.

Et puis il est évident que la puissance d'atterrissement du Rhône décuplerait dans sa proportion et ses effets, s'il

était digué dans tout son cours et ses affluents; il conserverait alors dans son lit, ou entrainerait à son embouchure,
toutes les terres que les eaux enlèvent aux montagnes et aux
plaines de la vaste étendue de son grand bassin.

L'effet funeste des digues se fait bien promptement sentir.
Il y a moins d'un siècle, d'après M. Mescure, qu'on a commencé à élever des digues sur les bords du Rhône, et les
marais y ont peut-être quadruplé d'étendue; des terrains
encore sains aujourd'hui sont menacés d'arriver à l'état des
polésines d'Italie.

4. Le val de Chiana, d'une grande fécondité avant les digues, était devenu malsain et inhabitable par suite des marais qui s'y étaient formés depuis leur établissement; les
atterrissements de sa partie inférieure étaient montés à un
niveau plus élevé que la surface des parties supérieures; les
digues, en outre, opposaient un obstacle infranchissable à
l'écoulement des eaux de la vallée. On a commencé par diriger les eaux sur les parties les plus basses; après avoir
rappelé la surface du sol à un niveau à peu près régulier,
on a été forcé, pour donner de l'écoulement aux eaux de la
vallée, de leur ouvrir des passages souterrains sous les
digues elles-mêmes; à la suite de ces travaux, on a vu disparaître en même temps les marais et l'insalubrité.

Ce pays s'est assaini sous l'intelligente direction du ministre
d'état Fossombroni, qui a su allier ces travaux agricoles importants à ceux de l'administration générale du pays. Cette
contrée se couvre maintenant d'habitations, de plantations
de vignes et de mûriers, qui vont faire de cet ancien marais
l'une des contrées les plus productives de la Toscane. Cet
homme habile a appliqué là un système dont il jugeait dès
longtemps la puissance et l'efficacité. Consulté dans le temps
par Napoléon, sur les moyens de rappeler la salubrité et la
fécondité dans les *maremmes*, il lui répondit qu'il fallait en
rétablir les pentes en y envoyant les cours d'eau pour com-

bler les parties basses.—*Mais ce moyen,* reprit Napoléon, *serait bien long. — Il serait le plus court puisqu'il est le seul ,* ajouta Fossombroni. — *Vous avez raison ,* répliqua Napoléon en lui touchant familièrement l'épaule. Et effectivement , depuis lors, les comblements ont assaini le val de Chiana ; avant les événements qui viennent d'ébranler la face entière de l'Europe , on travaillait à l'assainissement de la grande *maremme* par les mêmes procédés ; déjà 14 mille hectares se trouvaient assainis , et leurs parties basses sont élevées à un niveau qui permet aux eaux de s'écouler librement ; avec le temps et des travaux soutenus et intelligents , on serait arrivé à amener la *maremme* entière à l'état prospère actuel du val de Chiana , qui était tout aussi infécond et malsain qu'elle. Les dépenses ont été de 375 fr. par hectare, et chacun de ces hectares vaut dix fois cette somme , quand avant il n'en valait pas moitié. Ainsi donc l'utile direction des eaux et des atterrissements qu'elles forment peut souvent réparer le mal qui résulte de ceux qui proviennent de travaux contraires aux lois naturelles.

Ces moyens qui ont rappelé la prospérité sur le val de Chiana et allaient la faire renaître sur la grande *maremme,* sont, nous le pensons, applicables aux deltas des grandes rivières d'Italie , et plus facilement encore à ceux des rivières de France ; mais il faut pour cela un travail d'ensemble difficile à amener sur des propriétés divisées, dont les propriétaires ont besoin d'un revenu qu'il faudrait sacrifier en grande partie pendant plusieurs années. Un syndicat sans doute pourrait donner de l'ensemble, mais il faudrait que les propriétaires , après avoir renoncé à une partie de leurs revenus, pussent encore y appliquer des capitaux. Dans des temps calmes et de prospérité publique, le gouvernement pourrait avancer, à de faibles intérêts, ces capitaux, qui lui rentreraient après l'achèvement de l'entreprise, et il se trouverait amplement dédommagé par tous les avantages moraux et matériels qu'il retirerait de pays maintenant désolés par l'insalubrité qui dévore la faible population dévouée à en tirer un faible produit. On ne peut surtout trop apprécier la salubrité qui résulterait d'un pareil travail, et dont les effets se feraient sentir à toute l'étendue du pays environnant.

La peste qui prend annuellement naissance dans le delta du Nil semble devoir être attribuée aux atterrissements du fleuve qui obstruent son embouchure, et qui ont élevé les parties inférieures de ce plateau au-dessus des parties supérieures. Ce fléau terrible était autrefois inconnu, alors que les atterrissements étaient moins étendus, moins élevés, et que les eaux s'écoulaient librement dans la mer.

Il en serait de même du choléra, qu'on croit devoir attribuer aux émanations du delta du Gange, maladie encore plus terrible que la peste, parce qu'elle se propage avec beaucoup plus de facilité, que les miasmes qui la transmettent sont plus durables, et se jouent de toutes les précautions de quarantaine qui suffisent à arrêter la propagation des autres maladies contagieuses. Or, dans l'Inde comme en Egypte, la hauteur de l'atterrissement de l'embouchure, cause immédiate du mal, s'est accrue par des constructions de digues.

Les effets fâcheux des endiguements se remarquent sur les bords de la Méditerranée beaucoup plus que sur ceux de l'Océan; dans l'Océan, des marées de plusieurs mètres de hauteur et qui varient chaque jour d'intensité déterminent des courants qui tendent à pousser au large les atterrissements; cependant, les effets qu'ils produisent y sont encore bien sensibles. Ainsi, le port de Dunkerque a perdu une grande partie du fond qui, il y a deux siècles, en faisait un port important de la mer du Nord, et les terres amenées par un petit cours d'eau ont formé une barre dans sa rade qui en interdit l'entrée aux grands bâtiments.

Ainsi encore, Boulogne et Vimereux, à peu de distance de Dunkerque, n'admettent plus les vaisseaux qui jadis les visitaient. Napoléon a voulu, dans le temps, avec les bras de l'armée campée sur les côtes pour la descente en Angleterre, recreuser le port de Vimereux pour lui rendre, en partie du moins, l'importance qu'il avait du temps des Romains; mais le mal fait par la suite des siècles est bien difficile à réparer; aussi, Napoléon renonçant à l'invasion de l'Angleterre, abandonna son projet de port.

L'effet des atterrissements est bien autrement prononcé sur les bords de la Méditerranée et de l'Adriatique que sur ceux de l'Océan. Ainsi en Italie, aux embouchures du Tibre, de l'Adige, du Pô, et en France, surtout à celles du Rhône, les ports anciens sont rentrés dans les terres. Aigues-Mortes, le port d'embarquement de saint Louis, s'est éloigné en six siècles de plus de 8 kilomètres de la mer (1); les atterrissements cheminent donc de plus d'un kilomètre par siècle, et cette marche est devenue bien plus rapide depuis que les digues ont été établies; aussi, on ne peut y conserver de port que là où ne se trouvent point de cours d'eau, et surtout de cours d'eau digués.

(1) On voudrait contester ce fait en disant que l'embarquement a pu se faire sur le canal qui passe à côté d'Aigues-Mortes; mais les faits, à ce qu'il nous semble, sont contraires à cette hypothèse, et appuient l'opinion que, dans le XIII⁰ siècle, Aigues-Mortes était un port important et commode. Il ne nous semble pas possible que saint Louis l'eût choisi pour le port d'embarquement de ses deux croisades préférablement à Marseille et à Toulon, aussi à portée des points où il voulait aborder, s'il ne l'eût pas trouvé étendu et sûr. Comment pouvoir admettre que, dans le canal étroit qui réunit maintenant Aigues-Mortes à la mer, il eût pu loger par centaines les vaisseaux de transport chargés de son personnel et de son matériel? Il y eut des départs de troupes de Marseille et des ports voisins; mais à Aigues-Mortes était le quartier-général, le centre de l'expédition, et saint Louis y séjourna même pendant plusieurs mois pour attendre la réunion de sa flotte.

Ce fut encore de ce point que, dans la première croisade, partit Alphonse, frère de saint Louis, avec de nouvelles troupes de croisés.

Sur les bords de l'Océan, on a encore pour se défendre les écluses de chasse qui, en livrant passage à marée basse aux eaux accumulées de la marée haute et du cours d'eau, réussissent plus ou moins à entamer les atterrissements qu'elles ont formés à quelque distance de l'embouchure; mais sur les bords de la Méditerranée, le défaut de marées empêche qu'on ne puisse employer ce moyen; on n'a de remède que les dragues, qui sont bien peu efficaces contre un pareil état de choses. Aussi comme nous venons de le voir, les atterrissements y sont plus nombreux et plus funestes dans leurs effets; mais ces effets n'eussent peut-être jamais été produits, si on eût permis et surtout dirigé sur le littoral l'extravasion des grandes eaux, dont le limon eût maintenu le niveau au-dessus des atterrissements de l'embouchure; mais au lieu de cela, tout le limon charrié par le fleuve est conduit par les digues sur les atterrissements qui interceptent l'écoulement des eaux.

On nous dit qu'il peut arriver et qu'il arrive que des courants balayent et entraînent souvent au large les atterrissements des grands cours d'eau, qu'un courant dans l'Adriatique entraîne ceux du Pô, et qu'une force analogue pousse ceux du Rhône du côté de Cette. Cependant, d'après **M. de Gasparin**, les observateurs remarquent qu'une nouvelle barre, qui n'est point entraînée, se forme encore à quelque distance de l'embouchure immédiate du Rhône; que cette barre s'accroît de jour en jour, et prépare un nouvel étang comme tous ceux qui se forment depuis des siècles dans les atterrissements du fleuve. Et, comme les premiers, ce nouvel étang ne se comblera pas, parce qu'on n'y conduira pas les eaux chargées de limon, qu'on voudra cultiver prématurément l'atterrissement, et que pour cela on sera obligé de le protéger par des digues qui concentreront encore la puissance d'atterrissement du fleuve dans son lit et son embouchure, au lieu qu'en le dirigeant dans l'étang on l'aurait comblé avec le temps et mis de niveau avec l'atterrissement qui le sépare de la mer.

5. Les endiguements une fois commencés doivent aller sans cesse en s'agrandissant et s'élevant, à mesure que le lit s'exhausse; les digues montent donc à chaque grande inondation qui les a surmontées souvent de plus d'un mètre. C'est ce que nous voyons sous nos yeux sur les bords du Rhône, où des digues qui datent de moins d'un siècle ont déjà été surélevées de 2 à 3 mètres. On conçoit que ce n'est qu'avec des efforts toujours renouvelés et bien souvent impuissants qu'on peut faire en sorte que toutes les eaux qui s'étaient ouvert un bassin sur toute l'étendue d'un double littoral de 5, 10, 20 kilomètres de largeur, puissent être contenues dans un lit vingt fois, quarante fois, cent fois plus étroit; mais à mesure que les digues du grand cours d'eau s'élèveront, devront aussi s'élever celles des affluents grands et petits; tout ce littoral, découpé par des digues transversales, manquera donc de plus en plus d'écoulement, les cours d'eau secondaires s'élèveront eux-mêmes au-dessus du sol, les usines perdront leur chute et par conséquent leur moyen d'action; et tout ce littoral deviendra un marais sans écoulement possible, puisque les lits des cours d'eau qui devaient recevoir ses eaux seront au-dessus de son niveau.

Ainsi déjà voit-on l'excellente plaine d'Arles, sans être encore précisément marécageuse, s'inonder à la moindre pluie par l'eau des affluents; tout le pays, les routes mêmes se couvrent d'eau; dans un siècle peut-être, si on continue le travail des digues, la plaine entière sera un marais comme ceux qui entourent déjà cette ville. Et ces marais autour d'Arles ne peuvent pas être bien anciens; Arles n'eut point été choisie pour capitale de la Gaule romaine, et ne fut point devenue celle du royaume de Provence si les marais l'eussent entourée comme aujourd'hui.

§ 2. *Digues submersibles et insubmersibles.*

On distingue deux systèmes d'endiguement : l'endiguement submersible et l'endiguement insubmersible ; les digues submersibles doivent garantir des eaux intempestives d'été, qui sont d'ordinaire moins hautes que celles d'hiver, et les digues insubmersibles doivent préserver des plus grandes eaux de toutes les saisons.

Le but qu'on donne aux digues submersibles est de préserver le littoral des inondations moyennes intempestives, c'est-à-dire des inondations d'été. Pour pouvoir les apprécier convenablement, il est nécessaire de préciser par un chiffre la hauteur des inondations moyennes dont on veut se préserver ; nous supposerons donc qu'on veut se défendre des inondations de 60 centimètres au-dessus des berges ; les grandes inondations de la Saône s'élèvent à 4 mètres et plus, et celles du Rhône, suivant les différentes places du bassin, à 5, 6, 7. C'est donc nous restreindre grandement que d'adopter cette hauteur d'eau au-dessus des berges pour représenter les inondations d'été.

Cela posé, nous avons vu que par la forme générale que prennent les bassins des rivières par suite des inondations, un atterrissement se forme sur les berges, et se prolonge jusqu'au-delà de moitié du fond de bassin, où se trouve alors la partie la plus basse ; cet atterrissement est de 80 centimètres sur les bords de la Saône ; plus fort dans les rivières plus limoneuses, nous l'admettrons cependant comme une moyenne. Or, dans une inondation de 60 centimètres au-dessus des berges, les eaux couvriront au moins les deux tiers du bassin, par suite de sa forme et de celle de l'atterrissement des berges. Et tout ce volume d'eau devra se placer entre les digues. Admettons ensuite que, plus prévoyant que les auteurs du projet d'endiguement de la Saône,

qui placent leurs digues à 7 mètres du lit, on laisse de chaque
côté, aux bords de notre rivière normale, moitié de la largeur du lit primitif, que nous supposerons de 200 mètres.
Avec ces *ségonnaux* de 100 mètres sur chaque bord, on aura
un lit artificiel de 400 mètres de largeur, qui devra contenir
les eaux d'inondation; le grand bassin, quarante fois plus
large que le lit normal, aura une largeur de 8,000 mètres;
mais les eaux extravasées à une hauteur de 60 centimètres
au-dessus des berges, doivent couvrir deux tiers au moins
de cette largeur, c'est-à-dire 5,322 mètres qui, en raison de
la forme concave que nous avons admise pour le bassin,
donnent une section de 5,826 mètres d'eau à contenir dans
le lit artificiel.

Pour pouvoir continuer nos appréciations et évaluer la
masse d'eau de cette inondation de 60 centimètres, comme
nous avons sa hauteur, il est nécessaire de lui assigner une
vitesse qui devra être beaucoup plus faible sans doute que
celle du courant.

Et d'abord cette vitesse sera toujours proportionnelle à
celle du lit primitif; elle serait la même sans les obstacles,
parce que le littoral a la même pente que lui; mais les ponts,
leurs levées, les haies, les clôtures des fonds, les arbres, le
frottement des eaux sur le fond du bassin, arrêtent leur
mouvement sur le littoral, et sembleraient, au premier
aperçu, l'annuler dans les cours d'eau à faible pente; mais
il n'en est rien : la vitesse au bord du lit participe très-sen-
siblement de celle du courant; elle va, il est vrai, diminuant
dans une progression décroissante à mesure qu'on s'en éloigne; mais elle reste néanmoins encore assez sensible, puisqu'elle produit des remous ou des élévations de niveau à la
rencontre des obstacles de diverses natures. Or, ces remous
ne sont pas autre chose qu'une accumulation d'eau produite
par la force de translation, soit la vitesse des eaux. Après
avoir surmonté les obstacles, leur vitesse redevient sen-

sible, augmentée qu'elle est par l'accroissement de pente qu'elle a reçu du remous. Enfin, on voit, après l'inondation finie, que sur tout le sol inondé les récoltes sont couchées suivant la direction des eaux, ce qui implique une quantité de mouvement assez sensible dans les points même où la vitesse semblerait la plus faible. Ainsi, les derniers termes de la progression arithmétique décroissante de vitesse ont encore une certaine valeur. Il semblerait donc qu'on pourrait, jusqu'à un certain point, évaluer la vitesse moyenne de l'eau d'inondation, en la concluant d'une progression dont on connaît les premiers et les derniers termes; les premiers se trouvent au bord du lit et les derniers à l'extrémité de la nappe d'inondation près du coteau qui borde le bassin.

Lorsque l'eau rencontre des obstacles qu'elle ne peut surmonter, une partie du fluide près de la surface perd une portion de sa force de translation, et s'élève au-dessus du niveau des eaux inférieures; le reste s'infléchit du côté du lit du cours d'eau et des passages libres qui lui sont ouverts; l'eau même du remou ne reste pas sans mouvement: en vertu de son élévation au-dessus du niveau du reste des eaux, elle se porte sur les lieux de plus grande pente, et, par conséquent, du côté du courant libre. Toute cette masse d'eau conserve donc de la vitesse malgré les obstacles qu'elle rencontre, soit qu'elle les surmonte, soit qu'elle ne les surmonte pas.

La vitesse des eaux d'inondation est le point le plus essentiel de la question que nous nous sommes proposé de résoudre. Nous venons de chercher à établir par le raisonnement qu'elle se conserve encore plus forte que les apparences ne semblent l'indiquer; nous allons maintenant le prouver par des faits d'observation.

Daubuisson, dont l'ouvrage résume ce que l'hydraulique renferme de plus précis, estime que la vitesse d'un cours d'eau barré par une digue ne peut pas se juger par celle de la surface. *L'eau du remou, dit-il, semble souvent n'être que superposée au courant et ne pas participer entièrement à tous ses mouvements.* Il s'appuie, pour le prouver, sur les expériences des ingénieurs qui ont fait le nivellement du Wéser, desquelles il résulte que, dans un remou causé par une digue, la vitesse de l'eau, mesurée aux quatre cinquièmes de la distance du point où le remou prenait naissance, *presque insensible à la surface, était néanmoins forte au fond.*

Et cette vitesse des eaux au-dessous de la surface, encore forte à l'approche des obstacles, l'est, par conséquent, plus à distance, puisqu'elle n'est pas influencée par eux. Le repos apparent, ou la faible vitesse des eaux de la surface, fait donc mal juger de celle de la masse, et nous sommes en droit de conclure que la vitesse moyenne des eaux d'inondation est bien supérieure à celle de la surface, et que si nous réduisons cette vitesse à n'être en moyenne qu'un dixième de celle du courant, nous serons plutôt au-dessous qu'au-dessus du vrai pour un cours d'eau de pente faible, et, à plus forte raison, de pente forte.

Mais la vitesse des eaux intérieures du courant, plus considérable que celle des eaux de la surface, ne se borne pas aux eaux d'inondation. M. Surel, ingénieur très-distingué, rapporte que dans la navigation ordinaire du Rhône, avec des eaux animées d'une vitesse à la surface de 1^m50 à 2^m50, ou en moyenne de 2^m par seconde, un bateau dirigé par le gouvernail fait par heure 10 kilomètres 32, ou marche avec une vitesse de 2^m78. Ce surplus de vitesse du bateau sur celle des eaux de la surface est nécessairement dû aux eaux internes, qui ne lui communiquent même qu'une partie de la leur, parce qu'il s'en perd dans l'effort imprimé au bateau qui résiste par sa masse, et doit fendre les eaux de la surface animées de moins de vitesse que lui-même.

Cette plus grande vitesse des courants intérieurs ne se

borne pas aux cours d'eau ; on a souvent observé que des courants marins rapides à l'intérieur laissent la surface de la mer sans mouvement.

Dans l'évaluation de ces diverses données, nous nous sommes beaucoup rapproché de celles que fournit la Saône et son bassin, puisque nous avons supposé une rivière moyennement limoneuse, qui n'a que deux dixièmes de millimètre de pente par mètre, et dont les grandes eaux ne prennent pas une grande hauteur au-dessus des berges. Nos résultats pourront donc s'appliquer à plus forte raison aux rivières de plus grande pente.

§ 3. *Hauteur de digues nécessaire pour contenir les inondations moyennes.*

Fixé sur la vitesse des eaux d'inondation, nous pouvons déterminer la hauteur de la digue nécessaire pour les contenir dans notre lit artificiel. Ces eaux d'inondation devant y prendre la vitesse du courant que nous avons admise dix fois plus grande, y occuperont dix fois moins d'espace que sur le littoral. Mais nous avons calculé que, pour une hauteur d'inondation de 60 centimètres au-dessus des berges, la section des eaux sur le littoral offrait une surface de 5,826 mètres ; or, ces eaux doivent être contenues dans le lit nouveau, où la vitesse est dix fois plus considérable ; elles y occuperont donc un espace ou une section du dixième de 5,826, soit 582 mètres ; le lit artificiel de 400 mètres de large devra donc avoir pour les contenir une hauteur de 1^m45, ou deux fois et demie plus considérable que celle des eaux moyennes dont on veut se préserver.

Ce calcul est sans doute loin de la rigueur qu'on pourrait lui désirer ; il doit suffire cependant pour se former une idée des dépenses à faire pour les endiguements submersibles. On pourrait encore en induire qu'en général pour se mettre à l'abri d'inondations d'une hauteur moyenne, il faut donner à son lit artificiel une hauteur de deux fois et demie en sus de celle des eaux dont on veut se préserver. Mais comme la vitesse des eaux d'inondation augmente avec leur hauteur dans un plus grand rapport que celle du courant, en raison des moindres obstacles que les eaux rencontrent à une plus grande hauteur, nous pensons qu'il serait à peine suffisant, pour se préserver des grandes inondations, d'élever des digues triples de leur hauteur, dimensions dont on se trouve encore bien éloigné dans tous les travaux d'endiguement; aussi, dans les grandes inondations, voyons-nous toujours les digues prétendues insubmersibles surmontées, et n'être partout qu'un moyen plus grand de destruction par les chutes d'eau, les courants et les ruptures qu'elles déterminent.

Ces appréciations de hauteurs de digues submersibles, calculées sur des *ségonnaux* de même largeur que le lit, varieraient avec leur élargissement ou leur rétrécissement; elles seraient évidemment moindres avec leur élargissement et plus grandes avec leur rétrécissement.

§ 4. *Les inondations deviennent plus nuisibles par l'effet des digues.*

I. Après nous être fixé sur la dimension des digues submersibles, cherchons à apprécier le secours qu'on peut en attendre dans les inondations moyennes.

On doit distinguer pour un même pays plusieurs catégories d'inondations:

A. Les inondations ordinaires qui ont lieu par des pluies générales qui font extravaser les affluents et la grande rivière dans leurs bassins respectifs. — Dans ce cas, les digues qu'on opposerait à la grande rivière ne peuvent préserver son bassin, parce que les affluents extravasés sur le leur, alors même qu'ils sont digués dans le grand bassin à la hauteur des grandes digues, couvrant leur propre bassin avant la naissance de leurs digues, arrivent en nappe dans le grand, et s'y élèvent bientôt jusqu'à la hauteur des grandes digues qui s'opposent à leur écoulement. Ainsi dans ce premier cas, le plus ordinaire, les digues n'empêchent pas le grand bassin d'être inondé, mais seulement la grande rivière de répandre son limon fécondant sur sa surface.

B. Les inondations peuvent être dues ensuite aux pluies locales du pays. — Dans ce cas, l'extravasion des affluents inonde encore le grand bassin, et les digues s'opposant à l'écoulement des eaux ne font qu'aggraver le mal.

C. Enfin, les inondations peuvent avoir lieu par des pluies du bassin supérieur, qui feraient extravaser la grande rivière; c'est dans ce cas seulement que les digues peuvent être utiles.—Or les inondations dues aux pluies générales sont au moins deux fois plus fréquentes que celles dues aux pluies locales, tant celles du bassin supérieur que celles du pays. Si maintenant nous admettons que ces deux dernières catégories de pluie s'équivalent, il s'en suivrait qu'en résultat les inondations dues aux pluies du bassin supérieur, qui sont les seules dont les eaux peuvent être plus ou moins contenues par les digues, ne seraient qu'un sixième de celles que subit le grand bassin; les digues ne seraient donc utiles qu'à un sixième des chances d'inondations moyennes; il s'en suivrait encore que les cinq sixièmes des inondations du grand bassin ont lieu par les affluents; mais les digues de la grande rivière n'y peuvent porter aucun remède; pour les prévenir, il faudrait diguer les affluents eux-mêmes jusqu'à leur source, ce qui est absurde.

Encore même dans le cas le plus favorable, lorsque la grande rivière grossit par les pluies du bassin supérieur, le préservatif serait loin d'être efficace; la rivière alors s'élève entre ses digues, refoule les eaux des affluents, remplit leur lit près de leur embouchure, et leur ôtant leur débouché, les force de s'extravaser elles-mêmes et d'inonder le grand bassin qu'on voulait préserver. Ainsi, alors même que le lit artificiel de la grande rivière formé par les digues ne serait qu'à moitié plein, le débouché manquerait aux affluents, puisque le remous des eaux de la grande rivière les refoulerait jusqu'à moitié de la hauteur de leurs digues, et qu'il ne resterait plus pour le débit des eaux de l'affluent qu'un lit de moitié de leur hauteur avec une grande diminution de pente. Les eaux des affluents s'extravaseraient donc, à moins de pente énorme, et par conséquent il y aurait inondation dans le grand bassin; les plus faibles des inondations, déjà en bien petit nombre, auxquelles peuvent être utiles les digues, font donc encore souvent extravaser l'eau des affluents sur leurs bassins.

Et puis les inondations qui ont lieu par les eaux des affluents et par les pluies générales et locales déjà, comme nous l'avons vu, six fois plus fréquentes que celles dont préservent les digues, deviennent, par l'effet de ces mêmes digues, plus hâtives, plus durables, plus étendues.

Elles couvrent d'abord plus promptement et à une plus grande hauteur le grand bassin, car les affluents s'extravasent avant la grande rivière; avant les digues, leurs eaux, peu abondantes relativement à celles de la grande rivière, arrivant dans le grand bassin, s'écoulaient immédiatement, ne faisaient que passer sans élever leur niveau, et ne couvraient qu'une partie de la surface. Avec les digues, les eaux emprisonnées par elles s'accumulent, et la surface entière du bassin se couvre avant l'arrivée des grandes eaux; si les digues ont des écluses, on ne peut les ouvrir, parce qu'on craint les eaux de la grande rivière; le grand bassin est donc inondé plus tôt et à une plus grande hauteur, et il ne le serait que plus tard et partiellement sans les digues.

L'inondation en outre est plus considérable, puisque les eaux des affluents, retenues par les digues, s'élèvent nécessairement à leur hauteur, alors même que les eaux sont peu abondantes, et que souvent sans elles l'inondation eût été à peine sensible; il s'en suit donc encore qu'elle est plus étendue et couvre de plus grandes surfaces.

Enfin elle est plus durable, puisque le retard apporté à l'écoulement des eaux les a accumulées en masse trois ou quatre fois plus considérable, et que leur écoulement qui se faisait avant les digues par tout le littoral du grand bassin ne peut plus avoir lieu que par les lits des affluents, ou par le nombre toujours nécessairement restreint d'écluses qui peuvent occuper à peine un cinq-centième des bords de la rivière.

A tous ces titres donc ces inondations, par suite des digues, deviennent éminemment plus dommageables, surtout si l'on remarque qu'en cas de rupture des digues l'accumulation des eaux qui en résulte entraine de grands dégâts, et que le plus long séjour des eaux détruit des récoltes que des inondations plus courtes et moins hautes eussent épargnées.

D'ailleurs le plus souvent les affluents, lorsque leur cours a quelque longueur, sont barrés pour des usines; leur niveau normal est par là maintenu presque à la hauteur des prairies riveraines; ils les inondent donc fréquemment et avec la plus grande facilité; c'est pour elles une grande source de fécondité, puisque les parties de prairies qui ne sont que rarement inondées produisent trois fois moins que celles qui le sont souvent. Il résulte de ces barrages multipliés et de cette élévation du niveau des affluents, que les inondations y sont d'une très-grande fréquence, qu'elles y ont lieu par des pluies locales de 4, 5, 6 centimètres, pendant que celles de la grande rivière n'arrivent que par des pluies deux ou trois fois plus considérables; et toutes ces inondations des affluents se jettent en nappe dans le grand bassin. Par cette nouvelle considération, les inondations du grand bassin par les affluents sont donc encore relativement beaucoup plus fréquentes que nous ne l'avions arbitré d'abord ; et ces inondations sont toutes essentiellement nuisibles au grand bassin digué, parce que ses digues y retiennent les eaux extravasées des affluents qui autrement n'auraient fait que passer sans séjourner et sans couvrir de grandes étendues.

Ici, on pourrait nous faire une objection qui semblerait grave à première vue : nous avons dit précédemment qu'on ôtait aux prairies du grand bassin leur moyen de fécondité en empêchant les eaux de la grande rivière de s'y répandre librement ; mais, d'après ce que nous venons de dire, elles recevront beaucoup plus souvent qu'avant les digues les eaux des affluents ; ces inondations plus fréquentes devraient donc compenser celles amoindries de la grande rivière ; cependant il n'en est rien. Les affluents qui ont un cours et un bassin de quelque étendue débordent souvent et facilement, parcourent en nappes tous leurs propres bassins, y déposent la plus grande partie de leur limon ; leurs eaux arrivent presque claires au grand bassin ; telles qu'elles sont, elles peuvent bien encore souiller les récoltes qui s'y trouvent, mais elles lui apportent très-peu de fécondité et même de limon ; en sorte que les prairies du grand bassin ne sont réellement fécondes que lorsque les eaux de la grande rivière s'y sont répandues.

D'ailleurs on peut juger de la quantité comparée de limon dû aux affluents et à la grande rivière, en comparant l'atterrissement formé sur leurs bords immédiats à celui de la grande rivière ; celui créé par les eaux beaucoup plus fréquentes des affluents est souvent deux ou trois fois moins élevé ; tel qu'il est cependant, il suffit encore pour nuire à l'écoulement des eaux du bassin. On voit souvent des nappes d'eau sans issue entre les lits des affluents, et il serait très-utile de pratiquer dans ces atterrissements des rigoles d'assainissement qui les couperaient et permettraient aux eaux de s'écouler librement, soit au lit de la grande rivière, soit à celui des affluents.

Les eaux des affluents, quoique beaucoup moins fécondes que celles de la grande rivière, sont néanmoins encore utiles; mais comme elles arrivent par les bassins des affluents, les parties intermédiaires du grand bassin, placées entre ceux des affluents, n'en profitent que dans leurs parties basses. Il serait donc à désirer qu'à leur arrivée dans le grand bassin, elles fussent reçues dans une grande rigole de peu de pente qui suivrait le pied du coteau le long de ces parties intermédiaires, pour qu'elles pussent se distribuer sur toute l'étendue du grand bassin; par ce moyen le limon se répandrait plus uniformément, et cesserait d'être, aux bords des affluents, un obstacle à l'écoulement des eaux. Toutefois cette irrigation ne pourrait être réellement utile que dans le cas où les eaux ne rencontreraient pas l'obstacle des grandes digues pour s'opposer à leur évacuation.

Mais comment se fait-il que le limon des affluents soit peu fécond sur le grand bassin, pendant que celui de la grande rivière qui, après tout, se compose de celui des affluents, l'est si éminemment? C'est qu'une partie des eaux qui se jettent dans la grande rivière, pendant les pluies surtout, s'y versent immédiatement, sans s'épancher, sans être employées à l'irrigation, sans prairies sur leurs bords et sans barrage d'usines, soit parce que la montagne se trouve près de la rivière, soit parce que leurs lits sont très-encaissés, soit enfin parce que n'étant pas *pérennes* et n'ayant de puissance que dans les pluies, elles ne sont pas barrées pour des usines. Ainsi donc les eaux de la grande rivière qui reçoivent immédiatement celles des torrents, des pluies, contiennent beaucoup plus de limon et doivent être plus fécondes que celles des affluents bordés par des prairies qui débouchent dans le grand bassin et les dépouillent de leur limon avant qu'elles y soient arrivées.

Mais disent encore les partisans des digues, pour profiter du limon de la grande rivière, on introduira ses eaux par des écluses. D'abord elles arriveront ainsi bien lentement, et resteront presque sans mouvement emprisonnées entre les digues; l'inondation ne promènera plus ses masses en semant sur tout son passage la fécondité, et en continuant la pente de la prairie, le sol ne recevra que le limon d'une seule masse d'eau qui restera à peu près stagnante à sa surface. Et remarquons que, puisque l'inondation commence par l'extravasion des eaux des affluents, ce sont ces eaux peu fécondantes qui remplissent l'espace entre les digues pendant toute la durée de l'inondation; que celles de la rivière, en se répandant, ne les déplacent qu'en partie, et que le littoral par conséquent recueille beaucoup moins de limon que si les eaux libres de la grande rivière, unies à celles des affluents, avaient leur cours naturel sans l'obstacle des digues.

Il est évident ensuite que ces eaux s'écouleront tardivement, puisqu'elles n'auront pour le faire par les écluses qu'un cinq-centième, un millième peut-être de l'espace qu'elles avaient avant les digues.

Et enfin ces écluses passant par les alternatives de la sécheresse et de l'humidité, laisseront toujours infiltrer une quantité notable d'eau qui, jointe à celle des pluies, des inflexions de terrain qui se jettent dans le grand bassin sans y trouver d'issue, inondera une grande étendue de ses parties basses dans le moment même des faibles inondations dont on a voulu se préserver.

Ainsi donc, toutes les raisons qu'on allègue en faveur des digues submersibles sont faibles, et les inconvénients qu'elles entraînent sont nombreux et grands. Aussi le Ministre des travaux publics a-t-il cru devoir, d'après l'avis du Conseil général des ponts et chaussées, rejeter le projet d'endiguement qu'on lui avait proposé pour la Saône; il entre tout-à-fait dans notre sujet de reproduire ici les motifs que le Conseil a donnés de sa décision :

> « *Ce qui contribue en temps de crue et dans des circonstances*
> » *ordinaires à amener une quantité suffisante de limon sur les*
> » *terrains couverts par les eaux de débordement, c'est que ces*
> » *eaux se renouvellent constamment quoique avec lenteur, dépo-*
> » *sent continuellement, pendant la durée de chaque inondation,*
> » *le limon qu'elles charrient ; ce renouvellement ne devant plus*
> » *avoir lieu dans des conditions aussi favorables après l'exécution*
> » *des digues projetées, la quantité de limon produite par chaque*
> » *inondation deviendrait à peu près nulle, d'autant plus que les*
> » *couches supérieures des eaux des crues, les seules qui arrive-*
> » *raient sur les terrains situés derrière les digues, ne contiennent*
> » *qu'une très-petite quantité de matière en suspension; le Conseil*
> » *a en outre conservé quelques doutes sur l'efficacité des précau-*
> » *tions indiquées pour assurer la défense des digues contre l'ac-*
> » *tion des eaux.* »

Ces raisons, il nous semble, subsistent entières contre tous les endiguements, et nous ne concevons pas comment le Conseil a pu les autoriser pour le canton de Villefranche à la même époque à peu près qu'il les refusait dans celui de Pont-de-Vaux, situés l'un et l'autre sur des parties voisines du littoral de la Saône.

Nous ajouterons aux motifs donnés par l'administration pour le rejet du projet d'endiguement, une remarque qui n'est pas sans importance. Dans les inondations de même que dans les irrigations, les parties de la prairie légèrement déclives reçoivent plus de limon que les portions basses dont l'eau s'écoule mal ; les eaux chargées de limon, en passant sur la surface garnie de plantes, en sont dépouillées par les feuilles et les tiges qui s'en emparent sur toute leur hauteur et leur surface, pendant qu'en passant sur les parties basses elles glissent en quelque sorte sans arrêt sur la petite nappe

stagnante et sans écoulement qui couvre le gazon du fond ;
les grandes nappes contenues par les digues produisent
un effet entièrement analogue , et les eaux des grandes
inondations qu'on veut bien consentir à y envoyer en temps
opportun sont beaucoup moins fécondantes qu'avant les
digues.

II. Avec les digues les inondations moyennes s'élèvent à
la hauteur des grandes.

Que se passera-t-il avec les digues qu'on devra élever à
1^{m}45 pour parer aux inondations moyennes de 60 centimètres au-dessus des berges? Les affluents arrivant les premiers s'extravaseront sur leurs propres bassins; leurs eaux
débouchant dans le grand bassin du fleuve endigué s'y accumulent sans débouché, et le remplissent jusqu'au niveau
des digues; le fleuve avec ses eaux vient bientôt remplir son
lit artificiel, et refoule dans leur lit les eaux des affluents
qui , déjà élevées à la hauteur des digues , s'extravasent
bientôt par-dessus. Ainsi donc dans une inondation moyenne
qui se serait bornée à produire une nappe de 60 centimètres
au-dessus des berges, les eaux de la grande rivière d'une
part et celle des affluents de l'autre s'élèvent à une hauteur
de 1^{m}45 au-dessus des berges. Il résulte par conséquent des
inondations moyennes à peu près autant de hauteur d'eau
qu'en charriaient les grandes inondations avant l'endiguement, autant de sol recouvert, autant de récoltes avariées.
Ainsi donc les digues submersibles ont partout trompé les
espérances qu'on en avait conçues; nulle part on n'a donné
aux eaux des inondations moyennes un lit artificiel en rapport avec le volume des eaux ; partout les digues ont été trop
basses; on les a élevées successivement, on s'est vu ensuite
obligé de diguer les affluents et par là d'enlever aux eaux du
pays comme à celles du grand bassin leur écoulement naturel.
Par ces dépenses et ces soins on protégeait quelques récoltes

pendant l'été; mais elles étaient ravagées, et le sol même
s'entraînait dans les crues d'automne, d'hiver et de prin-
temps; la hauteur des digues donnait aux eaux, au moment
où elles les surmontaient, une marche torrentueuse qui dé-
vastait la contrée quand, avant les digues, l'eau s'épanchait
sur le littoral en nappes amorties et peu rapides. Et puis, ainsi
que nous l'avons vu, ces digues protégeaient à peine contre
un sixième des inondations moyennes; elles les faisaient com-
mencer plus tôt, durer plus longtemps et croître en intensité;
enfin les grandes inondations elles-mêmes devenaient par
suite plus fréquentes et plus durables; les digues submersibles nuisaient donc plus qu'elles ne servaient; aussi partout,
lorsqu'on s'est vu mal préservé, on les a successivement
élevées, les écluses se sont bouchées parce qu'elles ne pouvaient admettre dans les petites crues qu'une quantité d'eau
relativement faible, et par conséquent fournissaient peu de
limon; que d'ailleurs elles exigeaient beaucoup d'entretien,
de surveillance, et offraient aux eaux des moyens de filtra-
tion qui, même dans les faibles crues, inondaient le bassin
sans le féconder; on a donc fini par arriver au système des
digues dites insubmersibles. Cela est si vrai qu'on ne citerait
pas un cours d'eau de quelque importance dont les digues un
peu anciennes n'aient fini par arriver au système des digues
dites insubmersibles. Mais alors ont reparu avec une plus
grande intensité tous les sinistres amenés par les digues submersibles; le sol du bassin n'a plus reçu ce limon qui renou-
velait sa fécondité; le bassin du fleuve, devenu sans écoulement, est arrivé à un état marécageux et malsain; les prairies qui fournissaient les moyens d'engrais et d'entretien de
bestiaux ont été défrichées. On s'est préservé des inondations
moyennes, de celles qui faisaient la richesse du littoral; mais
on a dû subir encore les grandes inondations avec tous les
désastres que peuvent produire des eaux contenues dans un
lit insuffisant, et qui se précipitent sur la plaine d'une hauteur

de 3, 4, 5 à 6 mètres. Et ces inondations avec tous leurs sinistres deviennent plus fréquentes, plus durables et plus étendues.

Les bassins des grandes rivières ont, en général, une
grande largeur en rapport avec celle de leur lit, et nous res-
terions au-dessous de la moyenne en arbitrant la largeur du
lit à un cinquantième, soit un quarantième de celle du grand
bassin. Comment donc concevoir des digues qui puissent
contenir toute la masse d'eau souvent quinze, vingt fois plus
considérable que celle des eaux moyennes, et qui couvre
toute l'étendue du grand bassin, lorsque, par le système d'endiguement, on détruit la forme conservatrice que les lois
naturelles avaient données au bassin en plaçant le cours d'eau
dans l'endroit le plus bas, lorsque tout le limon retenu dans
le lit du fleuve et dans son embouchure élève bientôt au-
dessus du niveau général la partie qui, comme plus basse,
devait en être le débouché. Il en résulte qu'il n'y a point de
digues qui puissent se maintenir insubmersibles, et chaque
siècle voit dix fois peut-être sur tous les cours d'eau les
grandes inondations surmonter celles qu'on qualifie de ce
nom ; alors ces digues surmontées s'entraînent, et les plus
grands désastres frappent toute l'étendue du bassin. Chaque
fois qu'arrive ce sinistre, on ajoute aux digues ; mais c'est
bientôt envain, parce que le lit inférieur se comble incessamment, que la pente du fleuve diminue, que le système
des digues va de toute nécessité s'agrandissant et remontant
le cours d'eau, et que, par tous ces motifs, les eaux contenues et retardées dans leur écoulement prennent sans cesse
et progressivement un niveau plus haut que la surélévation
qu'on peut donner aux digues ; c'est le travail des Titans qui,
pour escalader le ciel, entassent Ossa sur Pélion ; c'est encore
mieux le tonneau des Danaïdes que le travail le plus obstiné
ne peut jamais remplir. Et c'est cependant un travail que
nous voyons tous les jours continuer tout en éprouvant ses
funestes effets.

En adoptant le système des digues et surtout des digues insubmersibles, on a dû nécessairement renoncer aux prairies du littoral. Quand les eaux ont cessé de s'y répandre, leur fécondité s'est promptement épuisée; on a alors défriché la prairie en terre d'alluvion, on a commencé par y avoir de belles récoltes; mais bientôt elles se sont affaiblies, parce que l'agriculture, en perdant ses fourrages, a perdu ses moyens d'engrais et par conséquent de fécondité; le littoral fournissait l'engrais du reste du sol : maintenant il doit en recevoir. C'est ce qui a appauvri l'agriculture du bassin du Rhône, ce qui a réduit de plus de moitié le nombre de ses bestiaux; on les avait nombreux pour féconder le reste du sol; on avait pour les nourrir de grandes étendues de prairies de bonne qualité; maintenant que ces prairies sont défrichées, on n'en a plus que le nombre strictement nécessaire pour travailler la terre. Et ce mal est désormais sans remède, parce qu'on ne peut plus renoncer à ces digues, et que chaque siècle doit, au contraire, les voir incessamment s'accroître après chaque grande inondation.

Lorsqu'arrivent ces grandes inondations, les eaux auxquelles on a donné un débouché insuffisant s'élèvent bientôt au-dessus des digues, une nappe supérieure établit son courant; elles se précipitent de toute leur hauteur sur le littoral qu'elles dévastent; placées au-dessus des obstacles, elles prennent la vitesse du cours d'eau, et entraînent tout sur leur passage; les digues transversales s'entament, se rompent, et les eaux font éprouver tous leurs dégâts par ces ouvertures; et cependant heureux encore les pays dont les digues transversales s'entraînent, et permettent aux eaux de reprendre à peu près la hauteur normale des grandes inondations avant les digues!

Quelque chose de semblable a eu lieu en 1845, en Italie : l'Arno, digué au-dessus de Florence, a dépassé ses digues et tout emporté sur son passage; il a entraîné sur la ville des cadavres d'hommes et de bestiaux avec les débris des habitations détruites; les parties basses de la cité ont eu plusieurs étages de leurs maisons inondés; la population, réfugiée dans les étages supérieurs, recevait sa subsistance en bateau des parties de la ville non inondées; la ville a servi de déversoir aux eaux d'inondation : elles s'y sont accumulées par l'obstacle que leur présentaient les digues transversales au dessous de la ville; elles se dirigeaient sur Pise dans toute leur masse torrentielle; heureusement les digues se sont rompues de toutes parts : la rivière a pris son niveau et son écoulement sur le littoral, et Pise a été sauvée. Quel est donc l'à-propos de digues dont la destruction sauve un pays?

Dans les grandes eaux, le mal est beaucoup plus grand dans les parties diguées que dans celles qui ne le sont pas. Ainsi, en 1840, une forte pluie, en partie locale, avait amené de grandes inondations dans le bassin de la Saône non digué; cependant les sinistres produits par ces inondations furent relativement beaucoup moindres que dans les parties inférieures du bassin du Rhône, qui n'avaient pas subi les grandes pluies, mais qui étaient protégées contre les inondations par des digues insubmersibles. En 1841, les pluies furent plus générales; le mal fut encore beaucoup plus grand et plus étendu dans le bassin inférieur; les eaux retenues par les digues transversales et latérales s'élevèrent à 4 ou 5 mètres au-dessus des berges, et détruisirent les récoltes, les habitations, et dans quelques parties même le sol; les digues du fleuve et celles des affluents, en retenant les eaux, en leur ôtant le bassin qu'elles s'étaient elles-mêmes ouvert, doublent donc au moins le danger et les dégâts qui résultent des grandes inondations.

En 1847, les bords de la Loire ont éprouvé sur une immense étendue de plus grands désastres encore. Après des pluies dont la quantité n'avait rien de bien extraordinaire, des digues prétendues insubmersibles ont été surmontées,

d'affreux torrents d'eaux accumulés par elles se sont précipités sur le littoral qu'elles devaient préserver ; de grands
pays ont été dévastés, des villes détruites ; dans quelques
parties, hommes et bestiaux ont péri ; sur de grandes surfaces, les récoltes ont été emportées et le sol même entraîné ;
les pertes éprouvées ont été estimées à plusieurs centaines
de millions ; enfin la France a dû s'en affliger comme d'un
malheur public ; les bords féconds de la Loire ont plus perdu
en quelques jours sur son littoral endigué, que les grandes
inondations n'eussent pu leur faire perdre en plusieurs siècles sur leur littoral resté libre ; disons mieux encore : les
grandes inondations eussent laissé par compensation le littoral envahi couvert de limon, le pays s'en relèverait plus
fécond, plus productif, pendant qu'il a vu périr revenu et
capital et entraîner par les mêmes eaux les récoltes et le sol
qui les portaient. En vain maintenant les pays dévastés vou-
draient-ils renoncer aux digues qui ont fait leur malheur ;
les digues inférieures qui ont élevé le niveau du fleuve tien-
draient leurs pays sous les eaux, et en feraient un cloaque
sans débouché au moindre accroissement des eaux ; on
est donc, à l'heure qu'il est, forcé de subir la funeste conséquence de l'endiguement du reste du fleuve. Aussi on a rétabli
en grande hâte ces digues rompues, qu'on a exhaussées encore
avec la prétention de les rendre insubmersibles, jusqu'à ce
qu'un nouveau malheur, semblable à celui de 1847 et plus
grand même en raison de digues plus hautes, vienne prouver de nouveau qu'on lutte en vain contre les lois providentielles.

Nous ne pouvons nous empêcher de faire remarquer ici
un contraste frappant : pendant qu'en Égypte, sous les lois
de Méhémet-Ali, on fait travailler une grande partie de la
population valide à élever par un grand barrage le niveau
des eaux du Nil pour leur faire couvrir de plus grandes surfaces, et par conséquent étendre le bienfait des inonda-

tions, en France, pays qui se cite comme modèle pour les arts et la civilisation, on fait des efforts inouïs pour repousser ces eaux bienfaisantes et leur limon régénérateur.

III. Lois régulatrices des phénomènes atmosphériques.

Il est sans doute pour chaque pays, dans les bassins des grands cours d'eau, des lois naturelles qui limitent la quantité de pluie. On trouve partout admis comme un fait d'expérience que les pluies ne s'arrêtent guère que lorsque les rivières sont répandues, c'est-à-dire au moment où elles pourraient devenir le plus nuisibles; il existe donc dans l'ordre établi un frein qui leur est imposé pour leur fixer des limites. Cette loi conservatrice a sans doute, comme toutes les lois naturelles, de grandes oscillations qui permettent encore de bien fâcheux accidents; mais l'étendue de ces oscillations est elle-même bornée; la grande inondation de 1840 a été en partie le résultat d'une pluie de 60 heures, qui a donné 25 à 30 centimètres d'eau sur toute la surface du bassin de l'Ain et du bassin inférieur de la Saône. Si la même quantité de pluie eut été produite en une fois moins de temps, ou si, au lieu de régner sur 50 à 60 kilomètres de longueur et de largeur, elle fut tombée sur les 600 kilomètres de développement en longueur des bassins du Rhône et de la Saône, une masse d'eau de 2 mètres de hauteur au moins se fut ajoutée à celle qui déjà avait fait tant de ravages; Lyon, Avignon et tout le littoral peut-être eussent été entraînés par l'horrible torrent jusque dans la Méditerranée.

Il existe donc des lois naturelles qui bornent la durée, l'intensité des pluies et président à leur distribution, des lois qui contiennent dans de certaines limites leurs effets nuisibles. Il existe de même des lois régulatrices des vents, de la sécheresse et de l'humidité; des causes que nous ne connaissons pas tempèrent la chaleur de nos étés, le froid de nos hivers; nous vivons donc au milieu d'un état de choses maintenu par des lois providentielles; ces lois permettent quelques oscillations, comme exprès pour en faire sentir le prix et nous rappeler que notre existence tient à une main bienveillante qui protège et conserve son ouvrage.

Mais si, par notre imprudence, nous venons déranger l'économie de ces lois suprêmes, si nous interceptons le passage que la nature avait ouvert dans le grand bassin aux eaux du fleuve, nous doublons, triplons peut-être leur hauteur; leurs dégâts croissent en proportion géométrique, et nous jetons le pays dans toutes les conséquences fatales dont le préservaient les lois régulatrices qui limitent la quantité de pluie.

IV. Les digues établies forcent les riverains supérieurs et inférieurs d'en établir aussi.

Nous avons vu que les endiguements partiels peuvent préserver quelques parties du littoral des inondations moyennes, dans le cas seulement où les pluies ont lieu dans les parties supérieures du bassin; mais c'est tout-à-fait aux dépens du littoral supérieur non digué. Ce littoral devient le lit des eaux que les digues inférieures resserrent, accumulent, et dont elles font monter le niveau en retardant leur écoulement; les inondations y deviennent donc trois ou quatre fois plus fréquentes et plus étendues; le dommage pour les fonds supérieurs l'emporte par conséquent beaucoup sur les faibles avantages recueillis par les fonds inférieurs; le littoral supérieur devra donc s'opposer aux digues de l'inférieur, ou bien il sera réduit à l'imiter; de sorte que les digues remonteront bientôt indéfiniment sur tout le littoral du fleuve et des affluents.

Les mêmes débats se présenteront si un seul côté est digué; la digue jettera toutes les eaux sur le littoral opposé, ac-

croîtra leur niveau, leur masse et par conséquent leurs
dégâts ; les propriétaires de ce littoral doivent donc être appelés dans l'enquête; ou plutôt un endiguement ne peut ni
ne doit avoir lieu sans le consentement des riverains opposés
et des riverains supérieurs, parce qu'il ne peut ni ne doit
être permis d'altérer l'ordre naturel des choses, de changer le
régime, le mouvement et le lit des eaux à son profit, lorsque ce changement porte préjudice à autrui : c'est là une
condition sociale dictée par le bon sens, écrite d'ailleurs im-
plicitement dans nos lois, et à laquelle cependant on contre-
vient chaque jour dans la pratique.

V. Nécessité d'une enquête avant tout endiguement
partiel.

L'endiguement d'un fleuve ou d'une rivière n'est point
une simple question de riverains : c'est une question qui im-
porte à toute l'étendue de son bassin, et par conséquent aux
plus grands intérêts de l'Etat.

Les premières digues s'établissent dans les parties inférieures des bassins, alors que le cours d'eau, perdant sa
pente, se répand plus souvent et plus facilement sur ses
bords. Un riverain veut se préserver ; une digue latérale est
établie pour contenir le cours d'eau, et des digues transversales contiennent soit les affluents, soit les eaux d'inondation
qui lui viennent du littoral supérieur. Comme cet endiguement partiel n'altère pas sensiblement le régime de la rivière,
qu'il le préserve effectivement de la plupart des inondations
moyennes, son auteur en tire peut-être plus d'avantages que
d'inconvénients. Le riverain opposé, qui se voit inondé quand
son voisin est préservé, croit devoir l'imiter ; mais alors il élève
sa digue au-dessus de celle qui lui est opposée, pour rendre
au moins procédé pour procédé. Cependant le niveau des
eaux, resserrées, s'élève ; le riverain supérieur qui subit
cette élévation de niveau se digue aussi pour se préserver.

comme ses voisins inférieurs ; les motifs pour de nouvelles digues s'aggravent de plus en plus, et successivement leur construction remonte sur tout le cours de la rivière et bientôt sur celui de ses affluents.

Mais ce système marche encore bien plus promptement, lorsque, comme cela est fréquent, la construction des digues devient un travail de commune ; en peu d'années le cours d'eau se trouve digué dans son cours supérieur, et son littoral subit tous les inconvénients que nous venons de remarquer.

Lorsque les digues, commencées dans les parties intermédiaires d'un cours d'eau, ont remonté dans la partie supérieure, les riverains inférieurs se croient eux-mêmes bientôt intéressés à se diguer aussi. Le diguage supérieur change le régime des eaux, retarde leur débit et, par suite nécessaire, les accumule ; il élève donc leur niveau pour les propriétés inférieures, y rend par conséquent les inondations plus hâtives, plus fréquentes et plus étendues ; les riverains inférieurs croient donc devoir, pour échapper au danger qui leur surgit des constructions nouvelles, imiter les voisins supérieurs.

Ces digues successives, à mesure qu'elles voient le niveau des eaux s'élever par suite des travaux faits, prennent plus de hauteur les unes que les autres ; il suffit que, sur un bord, les digues soient plus élevées, pour que les riverains opposés et bientôt tout le littoral, sous peine de voir leur territoire servir de déversoir aux eaux d'inondation, se trouvent forcés de gagner leur niveau. Tout le littoral a donc un même et puissant intérêt dans l'endiguement d'une commune ou même d'un seul riverain.

Il y a là comme un défi entre tous les riverains à qui s'élèvera le plus haut pour se mettre à l'abri des avaries dont les menacent non-seulement les digues construites, mais encore celles à établir ; le système des digues donne ainsi naissance à une véritable anarchie, à un conflit de travaux dispendieux auquel se trouve contraint le littoral tout entier, par suite d'un premier propriétaire qui s'est endigué. Il existe donc une bien grande lacune dans notre administration, qui semble avoir abandonné cette opération à l'arbitraire inconsidéré de chaque riverain.

Le gouvernement chargé des intérêts généraux doit donc intervenir dans l'intérêt du bassin tout entier, dans celui de la navigation qui sera bientôt obstruée, dans celui des ports que ce système menace de combler, dans ceux enfin de salubrité publique, de fécondité générale, d'avenir du pays, menacés et gravement compromis.

L'usage, à ce qu'il semble, s'est bien établi qu'un endiguement de commune ne se fasse pas sans enquête; mais il ne paraît pas qu'il en soit de même pour les particuliers, et cependant, dans les petits cours d'eau, les barrages permanents pour usine ne peuvent s'établir sans cette formalité; dans les cours d'eau de toute nature, et surtout dans les grands, les digues sont un obstacle permanent à l'écoulement des eaux et comme un immense barrage sur toute l'étendue des rives, qui ne laisse aux eaux qu'un passage sans aucune proportion avec leur abondance souvent décuple dans les grandes inondations; d'ailleurs le barrage de l'usine est le plus souvent un moyen de fécondité pour les fonds supérieurs, et il est indifférent aux fonds inférieurs, pendant que l'endiguement est, pour toute la surface d'un bassin, un moyen de destruction, une source toujours croissante de dépenses, d'infécondité et de désastres qu'on subit sans pouvoir y échapper.

Dans l'état des choses, les formes actuelles d'enquête sont tout-à-fait insuffisantes; une commune veut se diguer, les voisins ne se croyant pas intéressés, ne réclament pas; toute la rive reste muette, parce qu'elle ignore les conséquences funestes qui résulteront d'un premier endiguement de rive-

rains le plus souvent éloignés ; d'ailleurs chaque administration ne peut appeler que les intéressés de sa circonscription ;
la rive opposée qui appartient d'ordinaire à une administration différente, n'est point et ne peut être appelée.

Citons un exemple :

Une enquête dans le département de l'Ain s'est ouverte
sur la rive gauche de la Saône pour l'endiguement d'une
commune ; l'administration n'a pu y appeler la rive droite
opposée, qui appartient à Saône-et-Loire. Ce département en
fait autant de son côté pour une autre portion de sa rive, et
celui du Rhône agit de même pour une autre partie de la
rive droite. Trois enquêtes ont eu lieu à des époques différentes ; ces affaires arrivent isolément au Conseil général des
ponts et chaussées ; elles sont instruites à part les unes des
autres. Suivant la rédaction des projets, les circonstances de
localité, le vent du bureau, la même question peut être jugée différemment ; et effectivement, si nous ne nous trom-
pons, les digues de la Saône ont été autorisées dans l'arron-
dissement de Villefranche (Rhône), on les construit dans
Saône-et-Loire, et on les a rejetées dans l'Ain. C'est évidemment une question identique, jugée d'une manière contradic-
toire, et il est impossible que, plus tard, on n'autorise pas
la rive gauche à opposer des digues à celles de la rive droite.
Il est donc d'une absolue nécessité, en cas d'une demande
d'endiguement, d'ouvrir une enquête générale sur tous les
bords d'un bassin dont tous les propriétaires ont un même
intérêt solidaire, et d'adopter des principes uniformes pour
juger les mêmes questions.

Mais ce qu'il y a de plus fâcheux, c'est que, le plus souvent, les villes riveraines ne soient pas appelées dans l'enquête ; elles le seraient d'ailleurs qu'elles ne réclameraient
pas, parce qu'on ignore presque partout les résultats que
peuvent amener les digues éloignées de la cité. Et cependant
ce sont les villes qui sont le plus spécialement menacées ;

l'inondation entame, détruit le produit d'un fonds pour une année seulement; mais dans les villes, habitations, mobilier, marchandises de toute espèce, tout est souvent à toujours détruit ou au moins avarié. Il est donc de toute convenance qu'une digue ne puisse s'établir ou s'exhausser sur la moindre partie des rives d'un cours d'eau, sans que le bassin tout entier, la ville et la campagne soient appelés à concourir à une enquête générale.

VI. Danger éminent des digues pour les villes.

Les villes ne peuvent pas se diguer comme les campagnes : elles perdraient leurs avantages de position, leurs quais, leur navigation, leur salubrité; elles ont été construites à un niveau qui les met au-dessus des grandes inondations moyennes; elles n'ont pu avoir la prévision de la position que leur donne le système d'endiguement, qui élève le niveau des inondations moyennes à celui des grandes inondations; d'ailleurs, alors même qu'elles se digueraient contre la grande rivière, elles seraient inondées par les eaux des affluents voisins; elles doivent donc rester comme victimes dévouées de l'élévation et de l'accumulation des eaux qu'amènent les riverains par la construction de leurs digues; c'est donc sur elles que tombera, sans qu'elles puissent y échapper, le plus grand poids des inondations. Ainsi les digues qui se multiplient et s'élèvent au-dessus et au-dessous de Tarascon et de Beaucaire, et qui maintenant vont se prolongeant avec quelque intervalle jusqu'au delà d'Orange, ont déjà augmenté les chances d'inondation pour tout le littoral. Avignon, deux années de suite, a vu les eaux s'élever dans ses murs à des hauteurs tout-à-fait inusitées; on doit s'attendre encore que le prolongement et le surhaussement des digues, que l'élévation incessante du lit du fleuve, et surtout que le retard et l'accumulation des eaux produits par les digues transversales rendront les inondations de plus en plus fréquentes, plus étendues et par conséquent plus désastreuses.

Et puis l'endiguement ne s'arrêtera pas dans sa marche : de proche en proche il gagnera jusqu'à Lyon. Cette ville voit jusqu'ici, sans s'émouvoir, les riverains qui lui sont supérieurs ou inférieurs, élever de faibles digues pour préserver leurs récoltes ; elle ne s'y croit pas intéressée ; mais la conséquence nécessaire de tout endiguement est de retarder l'écoulement des eaux, par conséquent de les accumuler et, par suite nécessaire, d'élever leur niveau. D'ailleurs ces faibles digues sont un prélude qui conduit nécessairement à des digues plus hautes. Que l'on voie ce qui s'est passé sur la Loire, le Rhin, le Rhône inférieur même, sur tous les cours d'eau enfin grands et petits qu'on a digués en France ; toujours et partout, les digues d'abord faibles se sont élevées, parce qu'elles ont multiplié les dangers au lieu de les prévenir, et l'on a fini par arriver au système des digues insubmersibles.

Il n'est pas besoin de digues bien élevées pour que Lyon perde sa navigation, sa salubrité et tous ses avantages les plus précieux ; déjà au-dessus de la ville, sur les bords de la Saône, les deux rives songent isolément à s'endiguer ; les digues du Rhône aussi remontent incessamment, et ne tarderont pas beaucoup d'y arriver ; la ville alors se trouvera placée entre des chances d'inondation devenues multiples ; dans les grandes eaux, les digues de la Saône accumuleront les eaux des affluents, élèveront le niveau de celles de la rivière pour les envoyer sur Lyon. Par les mêmes raisons, sur le Rhône, après Lyon, les digues transversales des affluents interdiront aux eaux accumulées leur passage sur le littoral, et les enverront dans le lit artificiel du fleuve ; mais ce lit, déjà plein jusqu'à extravasion des eaux de ses propres affluents, surmontera, de son côté, ses digues ; et ses eaux s'étendront en nappe sur Lyon, comme celles de la

Saône. Placée au milieu de ces eaux sur-élevées au-dessus et au-dessous d'elle, la ville de Lyon se trouvera d'abord le déversoir, bientôt l'entrepôt de ces eaux accumulées et grossies ; son étroit bassin se trouvera tout entier submergé ; les eaux resserrées y prendront une rapidité funeste ; les inondations moyennes seront pour elle comme celles de 1840, et des eaux semblables à celles de cette funeste année, en s'élevant seulement de 2 mètres de plus, décupleront le mal éprouvé alors.

VII. Résultats des digues sur le littoral de la Loire, du Rhône, du Rhin, etc., etc.

Dans un endiguement complet, les eaux entraînent à la mer tout le limon qui ne se dépose pas dans le lit du fleuve et que les lois naturelles avaient destiné à féconder et exhausser le rivage ; les parties les plus grossières de ce limon forment dans le lit du fleuve des atterrissements qui s'opposent de plus en plus au débit des eaux et entravent la navigation ; les portions les plus ténues qui vont jusqu'à l'embouchure obstruent les ports et créent des barres à leur entrée ; tous les travaux de nos dragues sont impuissants contre de pareilles accumulations et, en les supposant toujours en action, ils ne déplaceraient pas un millième peut-être de ce limon qu'amènent les pluies annuelles ; il en résulte nécessairement que ces atterrissements produits par des eaux que les digues, par leur destination, maintiennent à plusieurs mètres au-dessus du sol, s'élèveront par la succession des temps peu à peu au-dessus du niveau du littoral, dont ils arrêteront les eaux et qu'ils réduiront en marais.

Toutes ces conséquences de l'endiguement ne sont point des suppositions d'imagination ; elles se font déjà sentir en France d'une manière bien fâcheuse sur le lit et le littoral de la Loire, depuis Saumur, Angers, Nantes jusqu'à la mer ; dès longtemps déjà le lit du fleuve se comble entre les digues

qu'on lui a données ; les bords de la Maine qui s'y jette,
sont devenus malsains et sont envahis par les marais.
Obstrué dans son cours, le lit du fleuve ne laisse remonter
jusqu'à Nantes que les plus faibles bâtiments ; le commerce
important de cette ville se perd ; mais elle ne semble pas
s'apercevoir que cet état de choses, qui s'aggrave tous les
jours, est dû aux digues retenant le limon qui devrait
se déposer sur le littoral. Pour y remédier, elle demande
qu'on lui fasse un port à l'embouchure du fleuve, un bassin
à St-Nazaire, pour pouvoir décharger les bâtiments qui
lui arrivent de toutes les mers. L'Etat va dépenser plusieurs
millions pour compenser bien faiblement une partie des
maux causés par l'endiguement ; mais il ne pourra pas as-
sainir les bords de la Maine, ni ceux de la Loire elle-même,
et la ville de Nantes, alors même qu'on lui aura creusé un
bassin bien loin d'elle, aura perdu la plus grande partie de
ses avantages de position et, par suite, de son importance
commerciale.

Mais le mal n'est pas à son comble : il croît et croîtra de
jour en jour ; au-dessus comme au bas de Nantes, la navigation de la Loire est devenue grandement difficile, les
terres et les débris amenés par les grandes eaux restent tout
entiers dans son lit ; ils y forment des masses mobiles sans cesse
déplacées et poussées par le fleuve d'un lieu à un autre ; si
les digues ne leur portaient pas obstacle, ces débris, ces
alluvions se déposeraient en plus grande partie sur les rives ;
le fleuve, dans le moment des grandes eaux, aurait toute
la force nécessaire pour déblayer la faible part de limon qui
lui resterait ; il conserverait des passages réguliers qui ne
changeraient pas chaque jour, et dans lesquels les bateaux
pourraient circuler à l'aise, pendant que, dans l'état actuel
des choses, des hommes sont obligés, en hiver comme en
été, d'en parcourir le lit pour chercher et indiquer par des
balises les passes sans cesse mobiles de la navigation. Ces diffi-

cultés se font sentir jusqu'au-dessus d'Angers ; la Loire, avec sa faible pente, a été promptement encombrée, et il en est résulté que les parties non diguées éprouvent des inondations plus fréquentes et plus fâcheuses ; d'ailleurs les atterrissements qui ont lieu dans le sein du fleuve s'élèvent incessamment d'une manière bien sensible.

On voit, en effet, dans les îles de la Loire, des têtards de frênes qui n'ont pas plusieurs âges d'hommes, recouverts maintenant par les atterrissements au niveau de la naissance de leurs branches ; les alluvions successives ont bien recouvert au moins deux mètres de leur tige depuis l'époque de leur plantation ; mais alors le sol était déjà au-dessus des eaux et en culture, puisqu'on y plantait des frênes, et son niveau devait être avec celui du lit ancien dans le même rapport à peu près que le sol actuel l'est maintenant avec le lit du fleuve ; le lit du fleuve était donc alors de deux mètres au moins plus bas.

Mais quel serait l'âge de ces frênes? nous ne pensons pas qu'il puisse être de plus de deux siècles. On pourrait donc croire que le lit digué de la Loire s'élève d'un mètre par siècle ; ce qui laisse entrevoir pour ce grand fleuve un avenir où il cesserait d'être la grande artère par où les eaux surabondantes du pays peuvent s'écouler dans la mer. Il serait facile d'ailleurs d'avoir quelque chose de précis sur cette importante question : il suffirait d'arracher un des frênes ; ce qui mettrait à portée de juger d'une part de l'atterrissement et de sa hauteur, et de l'autre de la date de la plantation par le nombre des couches annuelles.

La Meuse et la Charente sont bordées de digues ; aussi leurs bords sont devenus marécageux, parce qu'ils sont maintenant plus bas que les rivières qui leur servaient d'écoulement.

La Gironde est diguée déjà sur d'assez grandes étendues ; aussi on se plaint, sur ses bords, de la diminution de fécondité , et le temps arrivera où les marais viendront à leur tour.

Les digues du Rhin ont changé en prés aigres les prairies fécondes de ses bords ; on ne peut pas les défricher, parce que les grandes inondations les atteignent encore et qu'elles manquent d'écoulement ; la pente du fleuve va s'affaiblissant de jour en jour ; les atterrissements s'accroissent et, avec l'exhaussement de son lit, surviendront toutes ses fâcheuses conséquences.

Le Rhône est digué depuis Beaucaire jusqu'à la mer ; aussi il voit son lit s'élever au-dessus de son littoral ; à peu de distance de la naissance des digues, tout le pays est devenu malsain et , en grande partie, marécageux ; fécond encore en quelques parties, il détruit ses habitants et empêche toute culture régulière. Dans la Camargue, des milliers d'hectares de terrain sont presque perdus pour l'agriculture par les précautions mêmes qu'on a prises pour les préserver ; les affluents débordent souvent dans la plaine d'Arles avant même que le lit du fleuve soit plein, et l'inondation séjourne parce qu'elle ne peut plus se verser en nappe dans le lit du fleuve digué. D'un autre côté, tout le pays qui s'étend de Beaucaire à Aigues-Mortes est devenu un vaste marais ; les atterrissements croissent de jour en jour ; le marais remonte le fleuve , il s'approche de Nîmes, et l'insalubrité en est à peine à quelques kilomètres.

Mais ce qui se passe dans le bassin du Rhône se reproduit à peu près partout ailleurs ; si les atterrissements n'y suivent pas la progression rapide qu'ils nous montrent dans la Loire , c'est que le Rhône, avec sa pente de 55 centimètres par kilomètre, a beaucoup plus à atterrir pour la détruire que la Loire, où elle est beaucoup moindre ; cependant, dans le Rhône, les îles s'atterrissent aussi très-promptement ; on y voit d'énormes mûriers dont le tronc est déjà enterré jusqu'aux branches ; or à peine peut-on leur donner deux

siècles de plantation ; en deux siècles donc l'atterrissement se
serait élevé de toute la hauteur de la tige, de 2 mètres au
moins. Si dans quelques parties du cours du fleuve on trouve
encore le fond de l'ancien lit, ce n'est plus depuis Arles
à la mer, ce n'est plus même depuis Beaucaire ; tous les
jours donc l'atterrissement gagne, la pente diminue et nécessairement l'ancien lit se remplit.

Les digues suivent cette progression ; aussi, chaque jour,
il est question de les exhausser, et le gouvernement est sol-
licité de les étendre plus au loin ; les eaux les ont surmontées
en 1840 et en 1841, et ont causé de grands désastres, désastres toutefois qui ont laissé sur quelques points des compen-
sations. Ainsi nous pourrions citer, dans les environs de
Beaucaire, une propriété de 150 hectares appartenant à un
honorable propriétaire de l'Ain ; les eaux, en détruisant en
partie ses constructions, en s'élevant à 4 mètres au-dessus
du sol, l'ont comblé de limon, ont recouvert ses marais et
y ont laissé un dépôt de 1^m à 1^{m}30 d'épaisseur ; aussi cette
propriété, louée 10,000 fr. avant l'inondation, l'est maintenant 18,000, et donne, à ce qu'il semble, de grands bénéfices
à son fermier. Il suffit donc quelquefois qu'un sol digué
échappe aux digues pendant une inondation, pour qu'il puisse
doubler de valeur et de produit.

Un homme dont le nom fait autorité parce qu'il a autant
d'expérience que de science et de sagacité, M. de Gasparin,
tout en blâmant le système des digues, remarque que jusqu'ici le lit du Rhône ne s'exhausse point, et il établit en
effet que, dans plusieurs parties de son cours, le fond a
conservé le même niveau ; mais de ce que le comblement
n'a pas encore eu lieu dans une partie du cours du fleuve,
on ne peut pas conclure que cela continuera ainsi, et que
l'ancien lit se serait partout conservé sans s'exhausser ; il faut
bien que ce limon, qu'on empêche de se déposer sur le littoral, se place quelque part. En raison de sa grande pente, le

Rhône entraîne une portion considérable de ce limon dans les parties inférieures de son lit; mais ces parties seront bientôt comblées; la pente du Rhône s'affaiblira petit à petit, et les comblements de son lit vont croissant et remontant son cours au moyen des limons annuels; à mesure que le système des digues s'étendra, le mal s'augmentera en rapide progression; le lit ira graduellement en s'exhaussant, et ce mal ne sera pas long à faire sentir ses accroissements. La pente du Rhône de Lyon à Arles est de 54 centimètres par kilomètre; mais déjà d'Arles à la mer elle n'est plus que de 4 centimètres par kilomètre, ou de moins d'un douzième de la pente supérieure. Et tout le littoral, sur une longueur de 80 kilomètres jusqu'à la mer et sur toute sa grande largeur, est devenu par suite marécageux et malsain.

Dans l'état des choses, le Rhône charrie jusqu'auprès de son embouchure une quantité de limon capable de couvrir annuellement d'une couche d'un mètre 3,400 hectares au moins; or, le fleuve n'est digué que dans la plus petite partie de son cours, dans son lit inférieur; mais lorsqu'il le sera sur un grand développement, ainsi que ses affluents, le limon charrié, et par conséquent les atterrissements seront quadruples au moins; le système des digues, qui va sans cesse s'étendant, qui déjà a amené de si fâcheux résultats, menace donc l'avenir du pays des plus funestes conséquences.

Le Rhône avait créé à son embouchure deux atterrissements puissants : la Camargue entre ses deux bras, et la plaine de Beaucaire à Aigues-Mortes, sur sa rive droite; une partie de ces plaines offrait des terrains féconds dont la culture s'est empressée de profiter; mais de grandes étendues restaient à combler : il s'y trouvait de vastes étangs et des marais insalubres; il fallait, pendant un certain nombre d'années encore, laisser agir l'action libre du fleuve; on eût pu même mieux faire et gagner beaucoup de temps en imprimant à ses eaux une direction intelligente; les cultures auraient continué et progressé chaque année, en même temps que les comblements, avec des chances de fertilité sans cesse renouvelées, mais aussi de produits quelquefois perdus ou entamés. En peu de temps, on serait ainsi arrivé, sans beaucoup de dépense et en recueillant des produits toujours croissants, à assurer la salubrité comme la fécondité de ces plaines, les meilleures peut-être de la France ; au lieu de cela, en continuant à frais énormes des digues qui, loin de protéger efficacement contre les dégâts du fleuve, rendent les débordements beaucoup plus terribles, on s'est condamné à n'avoir que des plaines couvertes en partie d'étangs et de marais, plaines à jamais malsaines, qui dévorent leurs habitants et portent la maladie dans tout leur voisinage.

Lorsque, par quelques anomalies qui peuvent résulter de circonstances particulières, il arrive que le bassin et le lit d'un fleuve ne conservent pas une pente régulière, et que quelques parties inférieures ont un niveau plus élevé que la pente générale, on peut parer à cet inconvénient en dirigeant les grandes eaux ou même les eaux moyennes limoneuses sur les parties les plus basses ; le limon du fleuve les a bientôt comblées et soumises au niveau général. C'est ce système qui a été suivi au val de Chiana, qui l'a ramené à peu près à un état normal en réparant le mal fait par les digues ; c'est celui qu'on annonçait vouloir adopter aussi pour quelques parties de la Camargue. Imaginé par Torricelli, ce système offre un bien grand intérêt ; mais il ne peut donner d'importants résultats qu'autant qu'on l'applique, avec l'aide du temps, à de grands espaces. Il jugerait à lui seul la question de l'endiguement, puisqu'il consiste uniquement à faire cesser l'effet des digues et à permettre aux eaux de s'épancher, comme avant elles, sur une partie de leur littoral. Mais il est à craindre qu'on ne renonce à ce système, seul moyen cependant d'y amener la salubrité et la fécondité ; les résultats qu'on y a obtenus avec la culture du riz séduisent tous les propriétaires, qui y entrevoient un grand produit net avec de faibles sacrifices. On va ainsi reculer à jamais l'assainissement du pays, et doubler l'insalubrité que les digues y ont déjà amenée.

Nous avons visité à plusieurs reprises les bords du Rhône; nous avons parcouru ceux de la Loire; nous avons, dans ces contrées, été en contact avec une foule d'hommes recommandables; ils sont à peu près unanimes avec M. de Gasparin pour le Rhône, M. Oscar Leclerc pour la Loire, sur les inconvénients de l'endiguement; et leur opinion se fonde, comme la nôtre, sur tous les faits d'évidence que nous venons d'indiquer, mais les masses ne veulent pas s'en apercevoir : elles vivent au jour le jour, les unes du travail journalier du sol et les autres de son revenu net; elles doivent bien voir la dégradation de fécondité qu'amènent les digues, l'insalubrité, les grands désastres qu'elles traînent à leur suite, l'avenir dont elles menacent le pays; mais elles veulent l'endiguement pour s'assurer le pain du lendemain.

VIII. Les digues déterminent l'insalubrité des atterrissements.

L'insalubrité d'une contrée n'est pas toujours due aux eaux de la surface qui manquent d'écoulement; les eaux intérieures du sol ont aussi besoin de s'écouler librement, et lorsque cela n'a pas lieu, elles s'altèrent par les chaleurs de l'été, et déterminent les mêmes maladies que les eaux des surfaces marécageuses. Ainsi la partie de la Limagne d'Auvergne, qui porte le nom de marais et dont la surface a été desséchée sous Louis XIV par la famille Strada, ainsi les environs d'Issoire, ainsi un grand nombre de plateaux argilo-siliceux à sous sol imperméable, sans marais apparents, sont néanmoins insalubres, parce que les eaux intérieures sans écoulement s'altèrent pendant l'été. N'est-il pas probable que les eaux intérieures de la campagne de Rome et celles des

marais Pontins, contenues par les atterrissements dont les digues ont provoqué et hâté la formation, restant stagnantes
comme celles de la surface, contribuent autant que ces dernières à l'insalubrité du pays; car la fièvre règne dans des
parties de terrain sec et à distance des marais? Les atterrissements dont les digues ont décuplé la masse détermineraient
donc de deux manières l'insalubrité du pays : ici en s'opposant,
par leur niveau plus élevé, à l'écoulement des eaux de la
surface, et là en interceptant les anciens moyens d'écoulement des eaux intérieures et en rendant par conséquent le
sous-sol imperméable; dans la campagne de Rome, l'insalubrité proviendrait de la dernière cause, et dans les marais
Pontins des deux causes réunies; l'insalubrité de ces deux
pays est presque une nouveauté qu'on ne peut pas faire remonter au delà de l'établissement des digues; nous pensons
donc qu'elles en seraient la principale et peut-être même
l'unique cause.

Nous pouvons expliquer, à ce qu'il nous semble, comment
leur établissement a pu rendre le sous-sol imperméable, et
intercepter le mouvement ainsi que l'écoulement des eaux
intérieures. Les cours d'eau digués ont déposé à leur embouchure le limon fin qu'ils y charriaient et qui était destiné
à leur littoral; ce limon, imperméable par suite de sa ténuité,
s'est appliqué sur le débouché ancien des couches perméables par où communiquaient avec les eaux de la mer les
eaux intérieures; ces eaux, par le changement incessant
de niveau et l'agitation de celles de la mer, recevaient un
mouvement de fluctuation, d'abaissement, d'élévation et
même d'écoulement, qui suffisait pour les préserver de
l'altération; depuis que les bancs de limon fin les ont emprisonnées, elles restent stagnantes, s'altèrent et vicient l'air
de la contrée.

D'ailleurs ces eaux partant d'un niveau plus élevé que la
surface de la mer, se dégorgeaient dans son sein, et y trou-

vaient par conséquent un écoulement constant ; maintenant ayant perdu leur ancien écoulement, elles tendent à remonter à la surface et à la changer en marais.

On pourrait, à ce qu'il semble, rendre à ces eaux le mouvement qui maintenait leur salubrité en coupant l'atterrissement par des fossés qui, tout en servant d'écoulement à la contrée, découvriraient les couches perméables, et rendraient le mouvement à leurs eaux en leur rouvrant la communication avec celles si souvent et si fortement agitées du grand réservoir.

IX. Les digues sont dues à l'intérêt temporaire des fermiers.

Le système des digues, une fois embrassé, ne peut plus se quitter, et il entraîne dans des dépenses nouvelles et de plus en plus fortes. Ainsi si l'on veut doubler une digue en hauteur, son volume devra être quadruplé. Et puis à mesure que le lit principal s'exhausse, que l'endiguement des grands cours d'eau augmente, à mesure aussi il faut exhausser celui des affluents ; et tous les travaux, par conséquent les dépenses, croissent en progression géométrique. On prive ainsi d'écoulement et on rend marécageuses des étendues de plus en plus grandes ; mais tout ce mal se glisse presque inaperçu ; les digues s'accroissent à chaque inondation sous l'influence des pertes éprouvées ; les fermiers grossissent le mal pour accroître les remises du propriétaire ; ils poussent à des travaux qui ne leur coûtent rien, parce qu'ils y trouvent un avantage temporaire qui se prolonge au moins pendant la durée de leurs baux à courts termes. Alors même, ce que nous ne pensons pas, que les petites inondations qui entraînent les récoltes deviendraient plus rares, les grandes, qui souvent emportent le sol avec les récoltes, sont plus fréquentes et surtout plus fatales ; mais elles portent particulièrement sur le propriétaire qui alors ne peut rien demander de son fermage.

Et puis sous l'abri des digues, les fermiers défrichent la prairie qui cesse d'être productive, parce qu'elle ne reçoit plus que rarement du limon; ils en exploitent, par des récoltes épuisantes, la fécondité qui s'y était accumulée pendant des siècles, et ce n'est qu'au bout de quelques années de culture, lorsque ce sol épuisé n'a plus que la fécondité ordinaire des terres voisines, qu'on aperçoit le vide que laisse la prairie qui fournissait, par ses fourrages, les engrais de l'exploitation et qui maintenant les absorbe; mais le fermier n'y perd rien: il a exploité le capital de fécondité, et il renouvelle son bail en raison du nouvel état de choses.

La question de l'endiguement est donc une question de fermiers; ils sont nombreux, ont un intérêt commun, s'entendent merveilleusement; ils insistent auprès de leurs propriétaires pour leur persuader que l'endiguement les préserve de toute inondation; la plus grande partie de ces propriétaires, ceux surtout bien nombreux qui peuvent le plus difficilement essuyer des pertes de revenu, se laissent persuader, se joignent aux fermiers pour demander les digues; un petit nombre, les plus importants, ceux qui ont bien voulu prendre leçon de l'expérience, sentent les inconvénients, mais n'osent contrarier les masses dans un pays qui se gouverne par les majorités; les digues s'établissent donc contre l'intérêt de la propriété et la conviction des propriétaires instruits; mais ce serait au gouvernement à s'opposer à un fatal entraînement et à prendre la défense des plus grands intérêts du pays méconnus par les uns, abandonnés par les autres.

Il ne suffit pas, en créant des digues, de les couper, comme sur la rive droite du Rhône, par des écluses munies de vannes destinées à introduire l'eau à volonté sur les fonds riverains; comme ces fonds sont le plus souvent en culture, on ne peut que bien rarement y admettre les eaux, surtout les eaux chargées de limon, qui sont cependant le plus grand moyen de fécondité ; l'effet utile de ces *émissoires* est donc loin d'être en rapport avec le mal présent et à venir qu'entraînent les digues.

X. Les digues empêchent toute irrigation naturelle et artificielle.

Avec le système d'endiguement tout emploi des cours d'eau à l'irrigation devient à peu près impossible ; son but est de contenir les eaux et celui de l'irrigation de les répandre ; il tend donc à détruire, par le fait et par le but qu'il se propose, toute irrigation naturelle par inondation ; or ces irrigations sont de beaucoup les plus étendues et par conséquent les plus importantes ; ce sont elles qui fécondent la plus grande partie des bassins de nos rivières grandes et petites ; elles se font sans frais, sans main d'œuvre, et suffisent à elles seules pour amender le sol et en tirer de grands produits ; le système d'endiguement qui les détruit est donc déjà fatal sous le point de vue des irrigations naturelles.

Bien plus, il s'oppose à toute irrigation artificielle : cette irrigation ne peut avoir lieu qu'au moyen de barrages ou de dérivations ; mais les barrages seraient un contre-sens dans des cours d'eau digués, puisqu'ils ôteraient les eaux des lits où on veut les contenir ; d'ailleurs ils sont inadmissibles dans les grands cours d'eau, surtout lorsqu'ils seraient digués. L'irrigation ensuite ne serait pas plus possible avec des dérivations ; ces dérivations ne pourraient se faire sur la grande rivière, puisqu'il faudrait les diguer comme elle sur tout leur cours, sous peine de voir épancher les eaux qu'on veut contenir ; il faudrait ensuite les faire passer sous tous les affluents digués et les prolonger au loin jusqu'à ce qu'on eût gagné assez de pente pour faire répandre les eaux, et jusqu'au terrain d'un niveau supérieur à la crête des digues ; or un canal qui couperait le fond du bassin par ses deux digues en ferait un marais ; toute dérivation d'un grand cours d'eau digué ne serait donc possible qu'avec d'immenses dépenses et des dommages plus grands que les bénéfices qu'on en pourrait retirer. Les dérivations des petits affluents pourraient, avec quelque avantage, envoyer les eaux sur les parties élevées du fond du bassin, au pied du coteau qui le borde; mais dans tous les cas d'irrigation, l'emploi des eaux introduites et répandues sur le sol exige deux conditions aussi essentielles l'une que l'autre : il faut les répandre et les évacuer; on voit bien comment on les épancherait, mais on voit aussi qu'elles ne pourraient en aucune façon s'écouler; elles viendraient buter contre les digues du grand cours d'eau et contre celles des affluents; il en résulterait des marais et par conséquent perte à la fois de salubrité et de produits : on ne peut donc vouloir en même temps rejeter les eaux et les employer. Tout endiguement après avoir, en retenant les eaux, enlevé au littoral le plus grand moyen de fécondation que lui avait ménagé la nature, l'extravasion des eaux sur sa surface, s'oppose donc encore impérieusement à tout moyen artificiel d'y suppléer; il est par conséquent subversif de tout projet d'amélioration du sol par les eaux.

Que si en Italie cependant on a pu pratiquer des irrigations avec des cours d'eau endigués, il en est résulté qu'on a rendu la contrée malsaine en privant les eaux de leur écoulement naturel. On ne parvient le plus souvent à en évacuer une partie que par des moyens très-dispendieux, en les conduisant au loin à travers le pays et les faisant passer sous les cours d'eau, jusqu'à ce qu'on arrive à la mer ou à des bassins de rivières non diguées qui puissent les recevoir. Or ces moyens qui ne sont pas toujours possibles en Italie, ne le seraient en aucune manière dans une contrée morcelée comme la France. Donc toute irrigation avec des cours d'eau endigués, si elle n'est pas impossible, est du moins très-difficile, jette dans de grandes dépenses, crée des marais, et par conséquent amène avec elle des causes certaines d'insalubrité.

XI. Système de M. Surel.

M. l'ingénieur Surel, attaché depuis plusieurs années à la navigation du Rhône dans le département de Vaucluse, a présenté un projet remarquable dans lequel il cherche à concilier les intérêts quelquefois peu d'accord de l'agriculture et de la navigation. Eclairé par l'expérience sur tous les inconvénients des digues, il est loin de proposer d'imiter les riverains inférieurs avec leurs digues insubmersibles Il ne propose pas même, le long du fleuve, des digues submersibles; il veut seulement régulariser ses bords; quand ils doivent servir de chemin de halage, il les règle à 3 mètres de hauteur au-dessus de l'étiage, et à 2 mètres lorsque le chemin n'y passe pas. On voit donc qu'il ne donne aux bords 3 mètres au-dessus de l'étiage que dans l'intérêt de la navigation, et qu'aussitôt qu'elle cesse d'être intéressée il les réduit à 2 mètres dans l'intérêt de l'agriculture. Puis, pour conserver plus entièrement l'intérêt agricole et ne pas perdre la fécondité apportée par les inondations grandes et petites, les bords régularisés sont percés de nombreuses martelières ouvertes en sens contraire du courant, qui permettent aux eaux de se répandre sur toute la rive; par ce moyen, il conserve le bienfait des eaux. Pour s'opposer ensuite à leurs dégâts, il coupe le bassin par des digues transversales qui, sur les bords pentueux du Rhône, ôtent aux eaux extravasées cette rapidité qui entraîne et détruit tout. Ces digues transversales protègent sans doute efficacement le littoral contre les funestes avaries qu'amèneraient de rapides courants; mais on ne doit pas dissimuler qu'en refusant aux eaux extravasées un courant sur les rives, elles élèvent beaucoup leur niveau, accroissent ainsi la rapidité du fleuve, et rendent par suite ses inondations plus fréquentes, plus élevées et plus étendues; mais elles amèneront au calme les eaux extravasées, ce qui compenserait, en partie du moins, la plus grande fréquence et la plus longue durée de l'inondation. Et puis les eaux, en s'étendant plus au loin, porteront avec elles leur limon fécondant sur les champs inondés, tout en les rassurant contre les courants qui les ravageaient.

Ainsi le but de cet habile ingénieur serait de créer sur les bords du Rhône un état de choses à peu près analogue à celui qui existe naturellement sur ceux non digués de la Saône; il demande au Rhône ses eaux, en leur ôtant leur vitesse destructive; il se contente d'avoir ses bords de 2 à 3 mètres au-dessus de l'étiage, et il ne demande même 3 mètres que quand il en a besoin pour la navigation.

Sur la Saône, par suite de la faible pente du littoral, les eaux d'inondation ont peu de vitesse, et les rives ont en moyenne 4 mètres au-dessus de l'étiage; et cependant, dans cet état de choses si favorable, une partie des riverains veut se diguer; le gouvernement, il est vrai, semble vouloir s'y opposer, et il a refusé d'autoriser un endiguement; mais c'est un peu tard, parce qu'il l'a permis sur d'autres points.

<hr>

CHAPITRE VI.

CONSEILS AUX RIVERAINS.

Que faire aux bords des grands cours d'eau si constamment utiles et quelquefois cependant si dommageables à leurs rives ? Nous dirons aux riverains de ceux où l'on n'a point embrassé le système des digues, de bien se garder de recourir à ce funeste remède et de continuer à subir, comme par le passé, l'inconvénient de leur position pour en conserver les avantages. Il faut respecter la loi naturelle des atterrissements sur les rives en la modifiant à son profit, et pour cela, au lieu de construire des digues qui perdent le présent et l'avenir du pays, il faut diriger par de grandes rigoles les atterrissements sur les parties les plus basses, menacées de perdre leur écoulement. C'est ainsi qu'on conserverait la salubrité du pays en accroissant incessamment sa fécondité.

Quant aux riverains des cours d'eau déjà en partie digués, s'ils sont compris entre des pays ou vis-à-vis de territoires digués, il est difficile qu'ils ne les imitent pas, à moins qu'ils ne se décident à subir le sort des *ségonnaux* du Rhône, et à acheter une grande fécondité par des chances de pertes plus fréquentes.

Pour ceux qui se trouvent au-dessous des territoires digués, s'il n'existe pas de digues inférieures pour élever le niveau des eaux, le mieux est, à ce qu'il nous semble, de rester dans leur position et de subir des inondations rendues un peu plus fréquentes par le retard et l'accumulation des eaux que déterminent les digues supérieures transversales; la fécondité qui en résultera compenserait, nous le pensons, bien largement les pertes.

Que si l'on se trouve au-dessus des territoires digués, position la plus fâcheuse, les riverains sont inondés par l'élévation du niveau des eaux que produisent les digues inférieures; ils subissent toutes les inondations grandes ou petites, pendant que les riverains inférieurs se préservent, à leurs dépens, d'une partie des petites; ils se croient donc à peu près forcés de les imiter; c'est ainsi que le système, une fois commencé, se généralise sur un cours d'eau, par ceux-là mêmes qui en sont les ennemis. Nous en connaissons sur les bords du Rhône de frappants exemples.

Que si les digues d'un particulier ne devaient pas en entraîner d'autres à l'imiter, il arriverait peut-être à en recueillir autant d'avantages que d'inconvénients; les digues isolées ne changent pas sensiblement le régime d'un cours d'eau, n'augmentent ni le volume, ni la hauteur, ni la vitesse des eaux, n'influent pas sur la fréquence, l'étendue, ni la durée des inondations; elles préservent effectivement la propriété diguée des inondations ordinaires; elles augmentent, il est vrai, mais de peu, les chances d'inondations des prairies voisines; le propriétaire, alors même qu'il perce ses digues d'écluses, ne recueille pas sans doute sur son fonds la même quantité de limon fécondant; mais cette diminution de fécondité ayant lieu par degrés insensibles ne s'aperçoit qu'à la longue. On trouve donc que ces premières digues réussissent; ce succès encourage les voisins à les imiter, et surtout les riverains opposés qui sont plus près d'en souffrir. Bientôt l'exemple gagne, les digues se multiplient, mais petit à petit et presque insensiblement arrivent leurs inconvénients qui grandissent comme elles et avec elles; le mal qu'elles produisent force les riverains au-dessus et au-dessous de recourir aux mêmes moyens pour s'en préserver; et c'est lorsque les digues arrivent à border le cours d'eau sur de grandes longueurs, que pour échapper aux maux qu'elles produisent on se trouve entraîné presque irrésistiblement à en provoquer de plus grands par des digues insubmersibles.

Par ces motifs, nous engageons tout riverain à ne pas donner le premier le mouvement à cette suite de travaux malencontreux, et nous pensons que la loi elle-même devrait interdire d'établir aucune digue sans l'autorisation de l'administration, autorisation qui ne serait accordée que pour empêcher les divagations du lit des cours d'eau.

Mais en rejetant les digues, n'y aurait-il pas quelque moyen d'améliorer un peu l'état des choses, de manière à rencontrer, sans beauconp de travail, plus d'avantages que d'inconvénients?

Et d'abord, lors des inondations, les eaux des affluents se versent en nappe sur la partie du grand bassin qui correspond au leur; elles y produisent sur leurs rives immédiates un atterrissement qui s'oppose à l'écoulement des eaux, et rend marécageuse une portion de la prairie. Pour parer à cet inconvénient, nous établirions, comme nous l'avons dit, des rigoles qui soutiendraient les eaux au pied du coteau et les répartiraient sur la partie intermédiaire du grand bassin placée entre les affluents. Nous couperions ensuite les atterrissements des bords de la rivière et des affluents par d'autres rigoles qui, aussitôt que leur lit serait rempli, introduiraient les eaux dans le fond du bassin et les en feraient sortir de même. Ces deux moyens réunis, en comblant la partie basse du bassin, régulariseraient la pente et contre-balanceraient l'effet des inondations plus fortes qui tendent à accroître les atterrissements nuisibles des bords de la rivière et des affluents; en multipliant les inondations fécondantes, ils faciliteraient, il est vrai, les inondations intempestives; il y aurait toutefois, nous le pensons, beaucoup plus de profit à en retirer que de perte à en éprouver.

On pourrait même conserver en grande partie la protection qu'accorde aux récoltes l'atterrissement de la grande rivière, en fermant avec des écluses sur les grands cours d'eau et sur les petits, avec de la terre placée à portée des rigoles, les passages ouverts dans les atterrissements, qu'on intercepterait lorsqu'on serait menacé d'une crue intempestive et qu'on rouvrirait aussitôt que le danger serait passé.

Si l'on voulait avoir la protection entière de l'atterrissement du grand cours d'eau, on élèverait à sa hauteur celui moins haut des affluents; dans ce système, en bouchant et rouvrant alternativement les rigoles ou les écluses, on serait efficacement protégé dans le moment du besoin par l'atterrissement de la grande rivière. Pendant les neuf dixièmes de l'année, le fond de la prairie recevrait les eaux et le limon du grand cours d'eau aussitôt qu'elles commenceraient à dépasser le niveau du fond du bassin, tandis que dans l'état présent des choses il ne les reçoit que lorsque ces eaux s'élèvent au-dessus de l'atterrissement de ses bords ou de ceux des affluents. Et puis la prairie se trouverait parfaitement assainie de ces flaques d'eau qui la noient entre les bassins des affluents. En outre, la différence relative de niveau des bords de la rivière et du fond du bassin, nuisible à plus d'un égard, cesserait de s'accroître, diminuerait même; le produit de la prairie assainie, mieux et plus souvent irriguée, serait nécessairement plus grand et de meilleure qualité. Et ces avantages se recueilleraient avec peu de travail, sans accroître le danger ni le dégât des grandes inondations, et sans ôter à la rivière les moyens de s'épancher ni restreindre son écoulement, mais plutôt en facilitant l'un et l'autre de ces deux moyens d'amélioration.

On pourrait nous objecter que nous régularisons ici un système d'endiguement, quand nous le combattons ailleurs d'une manière absolue. Nous répondrons qu'ici les digues sont faites, qu'il serait très-coûteux de les supprimer; qu'il vaudrait mieux qu'elles n'existassent pas, mais que, devenues conditions nécessaires de position, il est tout-à-fait convenable de profiter des légers avantages qu'elles offrent en diminuant autant que possible leurs inconvénients.

Ce système offrirait donc, en résumé, pour le présent de notables avantages, et pour l'avenir il préparerait une prairie assainie, d'une pente régulière, où les avaries seraient moins fréquentes et moins dommageables.

CHAPITRE VII.

ENDIGUEMENT DES TORRENTS.

Les torrents entraînent avec eux, des cimes et des pentes déboisées des montagnes, d'immenses débris qui mêlés à de grandes eaux produisent une masse fluide terrible dans ses effets; cette masse s'accroît sans cesse des débris qu'elle produit; ici elle emporte le lit et ses bords, et là elle le remplit et le comble; lorsque la grande pente s'affaiblit, que les flancs du torrent s'ouvrent et forment une plaine, les plus gros débris cessent d'être entraînés et s'extravasent avec les eaux sur le double littoral; la couche végétale disparaît, les prairies et les terres cultivées sont perdues sous des masses de pierres, de graviers, et demandent d'immenses travaux pour être recouvrées. Pour se défendre de pareils sinistres, quelques riverains ont des épis qui s'avancent jusqu'au milieu du torrent et le rejettent sur la rive opposée; d'autres se bornent à resserrer par des digues le lit déjà le plus souvent étroit, pour agrandir leurs propriétés à ses dépens; d'autres enfin, parce qu'ils sont négligents ou peu aisés, ne faisant aucune défense, voient leurs propriétés détruites ou grandement endommagées par le travail des riverains supérieurs, inférieurs ou opposés.

Une anarchie complète règne donc sur les bords et dans le lit du torrent, et le mal s'accroît par les entreprises particulières au lieu de diminuer. Il est donc de toute nécessité que l'administration intervienne pour régler l'étendue du lit, la direction de chaque torrent, et qu'aucun travail offensif ou défensif sur le lit ni sur les rives ne puisse avoir lieu sans son autorisation; et si elle n'empêche pas les travaux convenables de défense des riverains, elle doit du moins repousser au loin tous ceux qui tendent à resserrer le lit ou à jeter les eaux sur la rive opposée.

Mais les riverains demandent plus : ils veulent que le gouvernement autorise le redressement du lit et l'établissement de digues submersibles qui y retiennent les débris qui se jettent sur leurs rives. Que résultera-t-il de ce double travail si la législation l'autorise? La nature prévoyante a souvent donné au torrent un cours sinueux pour diminuer sa force destructive et par conséquent ses dégâts; en supprimant ses sinuosités et redressant son lit, on augmentera nécessairement sa rapidité, et par suite le mal qu'il causera. Que de viendront alors les débris dont il se débarrassait sur ses bords immédiats? ils seront poussés par le courant resserré et rejetés sur les riverains inférieurs au delà des parties où la pente amoindrie les faisait naturellement extravaser; ils couvriront un bassin devenu plus vaste et plus précieux à mesure que le torrent s'éloigne de la montagne; et si le riverain inférieur se défend par des digues comme le supérieur, tous ces débris resteront dans le lit du torrent qui s'élèvera bientôt au-dessus des fonds riverains et des digues submersibles qu'on a voulu lui opposer; de ce lit en relief le torrent se précipitant sur les fonds de ses bords causera des dommages plus fréquents et plus étendus que lorsqu'on lui avait permis, suivant les lois naturelles qui le dirigent, de se débarrasser près de son origine de ses plus gros débris; bien plus, lorsque les eaux resserrées et rendues plus rapides auront une grande puissance et que le fleuve ne sera pas éloigné, ces débris seront entraînés dans le fleuve lui-même, dont ils entraveront la navigation; c'est donc le plus souvent envain que l'homme veut s'opposer aux grandes lois naturelles : il ne recueille que du dommage de ses efforts imprudents.

Les torrents des montagnes entraînent avec eux de grandes masses auxquelles il faut faire place ou qui se la font elles-mêmes. On voit, au pied des grandes cimes, des torrents qui ont accumulé en quelque sorte des montagnes de débris sur le sommet desquelles, pour éviter leurs ravages, on leur conserve et entretient un lit. Sur les bords du lac Léman et au pied des Alpes dauphinoises, il en est qui coulent ainsi sur le sommet d'une double pente formée par des graviers, et qui s'étend de chaque côté à 200, 300 et quelquefois jusqu'à plus de 1,000 mètres.

Que seraient devenus ces débris si on eût contenu les eaux entre des digues? Ils se seraient précipités dans la grande rivière ou dans l'affluent secondaire; ils en auraient comblé les lits, élevé le niveau des eaux, réduit en marais les parties supérieures du bassin, ou tout au moins ils auraient formé d'immenses obstacles au cours des eaux et surtout à la navigation.

Dans un pareil état de choses que doit donc faire l'administration chargée des intérêts généraux ? Elle doit faire étudier le lit des torrents, régler leur étendue, leur direction, et leur assigner une très-grande largeur au delà de laquelle les particuliers pourraient faire les ouvrages défensifs qu'ils jugeraient convenables.

Dans la question d'endiguement, soit qu'il s'agisse des torrents, des rivières ou des fleuves, les mêmes intérêts et les mêmes inconvénients se reproduisent ; ce sont toujours des riverains qui, pour éviter le dommage que leur causent les eaux, aggravent la position de ceux qui leur sont opposés, inférieurs ou supérieurs, et les forcent bientôt de les imiter ; chez les uns et les autres, le littoral en adoptant les digues perd ses plus sûrs éléments de fécondité, et s'il échappe momentanément à quelques dégâts, ceux des grandes inondations auxquels rien ne peut le soustraire deviennent plus intenses ; pour tous, l'avenir agricole est grandement menacé ; il en résulte toujours que les lits des rivières, des fleuves et des torrents, s'obstruent et se comblent, que la navigation voit multiplier les obstacles, que les ports s'ensablent et qu'il se forme à la longue des atterrissements qui gênent l'écoulement des eaux du pays et y créent des marais.

Que si l'on entend un grand nombre de voix parties des bords des torrents demander leur endiguement quand on n'en entend point pour s'y opposer, c'est que ceux auxquels ils nuisent sont actifs pour demander qu'on les préserve, pendant que les riverains inférieurs qui en souffrent peu restent calmes sans prévoir que les digues supérieures leur améneront bientôt plus de mal que n'en éprouvaient ceux qui se seraient préservés avec les digues.

La prudence que nous croyons nécessaire d'employer dans le régime des cours d'eau torrentueux est loin d'être une idée nouvelle et sans précédents : l'Isère, alors qu'elle est descendue des premières cimes neigeuses des Alpes, s'unit à Conflans (Savoie) à un autre torrent; ces deux cours d'eau se sont ouvert au point de leur réunion un immense bassin de plusieurs kilomètres de large ; sur cette surface plane et étendue, les deux torrents quittent leurs plus gros débris et entreposent en quelque sorte leurs eaux pour les laisser descendre plus doucement et en plus faible masse dans le reste de leur cours ; une compagnie puissante demanda, avant la révolution, au duc de Savoie la concession d'une partie de ce bassin pour la mettre en culture, en s'engageant à renfermer l'Isère entre deux digues qui contiendraient ses eaux. Grenoble et la plaine de Grésivaudan furent avertis de la proposition; ils demandèrent l'intervention de la diplomatie française pour représenter que si l'on ôtait à l'Isère son bassin de Conflans, Grenoble et le Grésivaudan seraient inondés de toutes les eaux qui s'entreposent en masse à Conflans pour descendre successivement dans la plaine, que tous les graviers qui restent sur la vaste plage que se sont ouverte les torrents descendraient pour couvrir les terrains cultivés des parties intermédiaires de la Savoie et, plus loin, ceux de France. Ces réclamations furent écoutées : le roi de Sardaigne laissa les choses dans l'état; plus tard, une autre compagnie, sous Napoléon, fit la même proposition, qui fut rejetée par les mêmes raisons (1).

Dans le torrent de l'Isère est écrite l'histoire de tous les autres; on a rejeté dans le temps, à deux reprises différentes, les demandes qui furent faites de redresser et rétrécir son lit; doit-on consacrer aujourd'hui législativement des principes qui admettraient pour tous les torrents de France un système général d'endiguement et de redressement ? Il s'ensuivrait que, pour ménager quelques portions de sol que la nature des choses et leur position avaient destinées à recevoir et supporter les premiers effets des cours d'eau torrentueux, on sacrifierait des espaces dix fois plus étendus et plus précieux, et on encombrerait bientôt le cours même et la navigation des grands cours d'eau.

CHAPITRE VIII.

DES MOYENS DE PRÉVENIR LES RAVAGES DES TORRENTS ET DES INONDATIONS.

On est généralement convaincu que la plantation des terrains en pente empêcherait le mal causé par les torrents et les inondations de s'aggraver et le diminuerait même d'une manière notable; le remède serait bien tardif à opérer; il est donc loin de pouvoir suffire; mais il en est un autre plus spécial, plus actuel dont l'effet serait immédiat. Nous avons, dans un écrit publié il y a quatre ans, fait pressentir la diminution des inondations dans l'emploi multiplié des eaux à l'irrigation; nous y avons fait remarquer que les dérivations nombreuses au moyen de barrages dans le lit des cours d'eau et particulièrement dans celui des torrents, en distribuant l'eau sur les pentes qui bordent leurs rives, affaiblissaient la masse des eaux, calmaient leur rapidité, empêchaient leur irruption spontanée, cause principale et essentielle des avaries qu'elles entraînent. Ces idées sans doute n'étaient pas nouvelles, et nous connaissons leur mise à exécution dans plus d'une localité; M. Polonceau, peu de temps avant sa mort, les a développées dans un Mémoire qui offre beaucoup d'intérêt.

Jusqu'ici nous n'avions pas encore vu ce système employé sur des cours d'eau de quelque importance; mais des travaux que nous avons visités en Alsace, et leur succès constaté par l'expérience, ont rappelé nos idées sur ce sujet ; et notre opinion réfléchie est que ce système mis à exécution sur une grande échelle, serait un remède presque assuré aux inondations, qu'il en préviendrait les plus grands désastres tout en multipliant le bienfait des eaux répandues sur le sol.

Mais venons au grand fait qui nous conduit à donner plus de développement à nos idées premières sur ce sujet.

M. Herzog, à Colmar, après avoir appliqué à la filature, au tissage et à l'impression des cotons et des laines toute la puissance d'une intelligence d'élite, a reporté sur la protection de son grand établissement, sur l'amélioration des propriétés qui l'entourent, sur la décoration de ses jardins et l'embellissement de ses alentours, toutes les ressources de son génie industrieux : placé dans le lit et à l'embouchure, dans la vallée de Colmar, du cours d'eau torrentueux dit le *Fecht*, soit torrent de la vallée de Munster, il avait à s'opposer à ses dégâts, à réparer ses dommages et à profiter du limon que portent ses eaux en compensation des désastres qu'il entraîne ; il avait surtout à protéger tout l'ensemble de ses travaux, de ses jardins et de son établissement contre les irruptions d'un cours d'eau qui lui faisait souvent payer trop chèrement la puissance de plus de cent chevaux-vapeur qu'il donne à sa manufacture ; enfin il avait à transformer des galets stériles en prairies fécondes ; le but était grand et digne de toute son intelligence ; eh bien ! ce but nous a semblé rempli d'une manière à la fois simple, hardie et sans travaux ni frais bien considérables. Désormais les ravages du torrent seront beaucoup plus rares et moins étendus ; il nous semble même l'avoir en grande partie dompté jusqu'à plusieurs kilomètres au-dessus de son habitation et pour le reste de son cours au-dessous de lui. Nous pensons aussi, et nous sommes tout-à-fait convaincu que si son exemple est suivi jusqu'à la naissance du torrent, tout le fond de cette belle vallée et de la partie de la plaine de Colmar sur laquelle elle débouche serait efficacement protégés contre les ravages annuels dont ces eaux font payer leurs bienfaits. En outre, des centaines d'hectares maintenant couverts de graviers, de pierres et de débris de toute nature seraient rendus à une culture productive, et formeraient bientôt une prairie de la plus haute fécondité, pareille à celle qu'a déjà créée M. Herzog à l'abri de ses premiers travaux. Maintenant M. Herzog père a confié leur direction à son fils, digne héritier de son intelligence et de sa capacité.

Le travail principal se compose de trois barrages successifs établis dans le lit du torrent, à 4 à 500 mètres l'un de l'autre; le premier, à 500 mètres au-dessus de son habitation, rachète en grande partie la pente du cours d'eau sur une longueur pareille en amont, et cette pente tout entière, à l'aide d'un canal en bois en relief sur le sol, est employée à faire mouvoir les deux grandes roues de son usine, chacune de 50 à 60 chevaux de force. Le second barrage est à 400 mètres du premier, et le troisième à une même distance du second; ils sont en bois ou en pierre; il leur a donné 2 à 3 mètres de hauteur, et il laisse au cours d'eau entre les barrages encore plus d'un mètre de pente. Chacun de ces deux barrages est abaissé dans son milieu de manière à y attirer les eaux; des enrochements sont placés sous leur chute pour prévenir les affouillements; les eaux ordinaires appelées par l'abaissement du barrage se creusent au-dessous de lui un lit spécial qui les contient alors même qu'elles sont agrandies; toutefois leur niveau est ménagé de manière à envoyer sur leurs deux ailes une partie des eaux, pour arroser de grandes étendues de graviers et de galets sans produit qui couvrent les deux bords du torrent. M. Herzog a dressé ces terrains à surface très-inégale et en a fait des prés de première qualité; et ce qu'il a fait aux culées de l'un des barrages peut se répéter à l'autre et successivement sur les aile s

de tous les barrages en amont. Les eaux alors qu'elles gran
dissent sont ainsi divisées en quatre parts : l'usine prend
d'abord l'eau qui lui est nécessaire, puis les deux dérivations s'alimentent pour l'irrigation des *galets* des deux rives,
et enfin les eaux superflues qui restent dans le lit du torrent
et dont la pente a été transformée en chute perdent ainsi
leur vitesse d'accélération et par conséquent leurs moyens
de nuire ; et calmées par les barrages, elles déposent en plus
grande partie au-dessus de chacun d'eux les débris qu'elles
entraînent.

Ce travail déjà très-heureux pour toutes les parties du
bassin sur lesquelles s'étendent les barrages, protége particulièrement les propriétés inférieures jusqu'à l'embouchure
du torrent dans la rivière de Colmar ; mais il n'est en quelque
sorte qu'un bienfait local et qui ne suffirait pas, nous le
craignons, dans les très-grandes inondations ; et puis le cours
supérieur du torrent ne peut ressentir leur influence que jusqu'au dessus du dernier barrage ; mais il nous semble tout-
à-fait évident que si l'on échelonnait successivement ces barrages en remontant le cours d'eau, on obtiendrait d'une
manière à peu près absolue et durable sur toutes les parties
de ce bassin les grands avantages locaux qu'a obtenus
M. Herzog. Déjà des usines nombreuses qui peuvent se multiplier encore ont commencé le travail, qui s'achèverait par
des barrages placés dans l'intervalle qui les sépare. Mais le
le torrent ne sera tout-à-fait dompté que lorsqu'on aura
rompu son cours par des barrages qui enverront ses eaux
sur les rampes gazonnées de ses bords. Il en résultera alors
d'immenses bienfaits, les irrigations se multiplieront, des
terrains nombreux où l'on n'ose hasarder aucune espèce de
culture deviendront d'excellentes prairies. Ainsi donc nous
trouvons dans ce système des avantages multipliés : les eaux
par leur division sont diminuées de volume et s'épanchent
en grande partie en nappes amorties sur leur littoral ; elles

perdent cette soudaineté qui en accroît la masse et le danger; elles perdent la vitesse qui les rend rongeantes, et leur fait entraîner avec elles ces masses destructives de graviers si funestes à leurs rivages; enfin, rendues au calme, elles n'arrivent plus que lentement et sans débris à la rivière dont elles sont les tributaires.

Mais si l'on envisage l'influence de ces travaux sur le grand bassin où arrivent les eaux du torrent, la question prend encore beaucoup plus d'étendue; les barrages, après avoir préservé et enrichi la vallée où coule le torrent, amènent au cours d'eau des eaux tranquilles, affaiblies et retardées dans leur cours; il s'ensuit donc, comme les grandes inondations n'ont lieu que par l'afflux temporaire et simultané des eaux torrentielles, que le barrage des torrents serait le moyen le plus efficace de préservation de tout le littoral des cours d'eau. Ces eaux dès leur origine, retardées dans leur cours et versées sur les rampes graveleuses où elles créent des prairies, sont en partie consommées par la végétation et en partie évaporées; une autre portion s'infiltre dans le sol, et le reste, diminué de moitié, descend en filets amortis dans le lit du cours d'eau; les eaux évaporées ou absorbées par la végétation restent dans l'atmosphère pour y produire des rosées et des pluies bienfaisantes; celles qui s'infiltrent dans le sol sortent au bas des rampes en sources fécondantes qui répandent leur trésor d'irrigations sur la vallée; les sources anciennes éteintes depuis le déboisement se rouvrent, les sources temporaires deviennent pérennes, les pérennes voient grandir leurs eaux; il en résulte que les eaux temporaires et simultanées du torrent qui portaient leurs ravages jusque dans le grand bassin se changent en eaux bienfaisantes et durables qui améliorent et enrichissent la contrée.

On ne peut pas toujours sans doute établir des prairies sur les rampes; ici elles sont à surface trop inégale, là elles sont trop rapides ; c'est dans ces positions, s'il reste de la terre sur le sol , que le reboisement conviendrait éminemment. Il devrait surtout s'étendre sur les pentes rapides où les eaux ne peuvent atteindre ; car nous ne devons pas oublier qu'il est un moyen efficace d'arrêter l'écoulement des terres , de retenir et conserver pour le sol de la contrée les eaux des grandes pluies ; les bois font en quelque sorte en détail l'effet que produit en masse le barrage du torrent : chaque cépée de taillis , chaque arbre avec ses branches et ses feuilles divise , retient les eaux et les fait pénétrer dans le sol ; et puis rien n'empêcherait qu'on n'épanchât sur ce sol boisé les eaux soutenues par les barrages. Des expériences récentes de M. Chevandier ont prouvé que l'irrigation convient aussi très-bien aux bois et aux grands végétaux qui les peuplent. Ainsi donc ce serait à ce double moyen, le barrage des torrents et le boisement des pentes, qu'on pourrait devoir la cessation de ces fatales inondations qui, depuis quelques années, causent tant de désastres.

Il nous semble facile d'établir que c'est spécialement à l'irruption soudaine des eaux des torrents que sont dus les désastres des inondations. Les inondations arrivent par les eaux que jettent immédiatement dans les grands cours d'eau les torrents ou les rivières grossies subitement par eux ; les eaux qui alimentent les cours ordinaires des rivières proviennent de sources ; mais le cours de ces sources est tranquille ; lors des inondations, elles grossissent lentement et ne sont point chargées de débris, pendant que les torrents rassemblent presque instantanément et en masse les eaux qui tombent sur les flancs dénudés des montagnes et sur leurs côtes déboisées ; ce sont eux qui charrient ces débris qui, dans leur course rapide, avant d'engraver la plaine, brisent et entraînent tout sur leur passage. Ainsi donc quand on aura retardé l'écoulement de leurs eaux, diminué leur masse , empêché leur érosion et retenu sur les barrages les débris qu'ils peuvent encore charrier, on aura résolu le problême de diminuer l'étendue des inondations, de les rendre plus rares, plus lentes, plus calmes; on aura fait cesser les engravements si funestes à la plaine, les ensablements qui, comblant les lits des rivières, forment de si grands obstacles à la navigation, et on cessera de se croire obligé de recourir aux digues, remède pire que le mal qu'elles veulent empêcher.

Il est quelques torrents qu'on ne peut pas barrer, comme par exemple une partie de ceux qui sortent des glaciers des montagnes primitives: mais ceux-là ne sont pas dangereux; ils grossissent surtout par la fonte estivale des neiges, et, à cette époque, les inondations sont rares, parce qu'on n'est pas dans la saison des grandes pluies.

Le spécifique étant trouvé, resterait à l'appliquer.

Le travail commencerait par les torrents qui versent immédiatement dans les grands bassins; ce sont eux qui font le plus de ravages, parce qu'ils portent immédiatement sur de grandes étendues leurs eaux soudaines avec les débris qu'ils entraînent, parce qu'ils jettent dans le lit du fleuve des engravements qui le comblent, qu'ils interceptent la navigation et mettent bientôt obstacle à l'écoulement des eaux de toute la contrée.

Par ce premier travail, les grands bassins verraient disparaître les inondations les plus soudaines qui les couvrent des débris des montagnes; le travail se ferait ensuite sur les torrents qui versent immédiatement dans les grands affluents et se continuerait pour s'achever sur les torrents tributaires des petites rivières; c'est là un grand travail sans doute, mais qui peut se faire petit à petit, et qui donne, à mesure qu'il se fait, des résultats immédiats et d'une grande utilité.

Ce travail cependant est beaucoup moindre que celui des digues et surtout des digues insubmersibles à établir le long du cours des torrents; il suffirait le plus souvent que les barrages eussent la hauteur des digues submersibles, et puis ils

ne feraient que traverser le lit du cours d'eau à des distances
de plusieurs centaines de mètres, pendant que les digues
doivent le suivre sur ses deux bords dans tout le développement de son cours. Les barrages, il est vrai, ont besoin de
plus de solidité ; mais ils n'auraient pas dans le cours des
torrents un cinq-centième du développement des digues qu'on
veut donner à celles-ci, et ils ne s'établiraient que pour les torrents, pendant que le système d'endiguement doit s'étendre
successivement sur la plus grande partie des cours d'eau. En
résumé, ils n'exigent peut-être pas un deux-centième de la
dépense qui serait nécessaire pour compléter le système d'endiguement qu'on sollicite, et cependant ils remédient puissamment aux dangers des inondations en les prévenant dans
la source même de leur mal, pendant que l'expérience nous
prouve que les digues en aggravent souvent les désastres.

Sans doute dans l'état de notre législation et avec la division des propriétés, on rencontrerait des obstacles, et effectivement M. Herzog en a rencontré qu'il a fini par vaincre ;
mais le principe des dispositions légales nécessaires pour
faciliter ces travaux est écrit dans nos lois qui autorisent les
expropriations pour cause d'utilité publique ; il suffirait donc
que la jurisprudence appliquât ce principe à l'établissement
des barrages.

On nous demandera ce que deviendront ces eaux au sortir
des prairies et des fonds arrosés ? L'infiltration dans le sol ,
la végétation , l'évaporation en auront consommé une partie ;
ce qui resterait, si les voisins refusaient d'en profiter, serait
ramené au lit du torrent par une rigole qui les recueillerait
au bas des fonds irrigués.

Mais comment répartir les frais de ce grand travail ?
Il est utile à un bien grand nombre ; il est donc naturel
que ceux auxquels il profite en supportent la plus grande
partie. Ce travail est d'abord un grand bienfait pour
le propriétaire lui-même sur lequel il est assis , pour ceux

ensuite auquel il envoie les eaux et pour tous les riverains du torrent sur tout son cours; on pourrait donc leur demander la moitié des frais, et la commune en supporterait un quart en prestations en nature; le dernier quart serait payé par l'Etat. Sans doute, on pourrait appeler à contribution les propriétaires des bassins grands et petits, préservés désormais des grands désastres des inondations; ces bassins représentent un sixième peut-être de l'étendue du sol français, et en quotité d'impôts la moitié au moins de celui du sol tout entier; mais la répartition serait bien difficile, et ici, à ce qu'il nous semble, l'intérêt est si étendu, que nous pensons que c'est l'Etat, c'est-à-dire la bourse de tous, qui doit achever de solder ce que les riverains immédiats ne paieraient pas.

Tous ces travaux sont bien nombreux et ils doivent être solides; mais pour qu'ils soient possibles, il faut qu'ils soient faits sans luxe et avec économie; les pierres abondent sur les bords des torrents; les barrages ne seraient donc autre chose qu'un enrochement revêtu à sa face d'aval d'un bon parement à gros blocs sans mortier. Quoique simples et faciles, ces travaux ne peuvent être laissés à l'arbitraire des intéressés : il faut faire des nivellements préliminaires, arrêter la place des barrages, leur nombre, leurs dimensions, les circonstances de leur construction. Ici nous voyons de plus fort la nécessité de ces ingénieurs hydrauliques que le pouvoir vient d'accorder à l'instante sollicitation des intérêts de l'agriculture et de la salubrité publique.

Il y aurait donc là une législation à établir, toute une machine à organiser et à faire mouvoir, chose difficile à obtenir dans le système qui nous régit; mais les intérêts à conserver sont si puissants, les désastres à prévenir si terribles, les pertes en capitaux et en revenus si grandes, qu'il nous semble que le gouvernement ne doit pas hésiter à faire étudier la question et à la présenter le plus tôt possible au pouvoir législatif ; l'étude seule de la question serait déjà, à notre avis, un grand bienfait ; il en résulterait naturellement la suspension des travaux si coûteux d'endiguement qui se continuent encore sur un grand nombre de points.

Ce système demanderait sans doute des développements plus étendus, mais ce n'est pas ici le lieu de les produire ; ils retarderaient notre marche dans notre travail sur la question spéciale de l'emploi des eaux.

---

(1) Après la réimpression de ce Mémoire nous arrive un triste et fatal exemple du danger des endiguements ; les grèves de l'Isère à son confluent avec un autre torrent viennent d'être endiguées sur Savoie. Notre ancienne diplomatie et la prudence de l'empereur avaient repoussé cette entreprise ; l'incurie de la diplomatie nouvelle, l'imprévoyance de notre administration au milieu de nos discordes civiles, viennent de laisser se consommer cette œuvre ; les eaux des torrents auxquels on a, par ces digues, enlevé le bassin dans lequel s'accumulait leur soudaine irruption arrivent maintenant en masse sur les fécondes plaines du Grésivaudan, et y portent le ravage et la désolation. On cherche le remède à un si grand mal, et il n'en est point d'autre que la destruction de ces digues. Après la première impression de cet écrit survinrent les désastres des bords de la Loire par le renversement de leurs digues insubmersibles, les ravages en Italie des eaux de l'Arno se précipitant du sommet de ses digues ; les leçons de l'expérience seront-elles donc toujours perdues, et sommes-nous destiné à être *vox clamantis in deserto* ?

www.ingramcontent.com/pod-product-compliance
Lightning Source LLC
LaVergne TN
LVHW012013180726
843502LV00005B/1682